Margareth Sekera

Gesunder und kranker Boden

Ein praktischer Wegweiser zur Gesunderhaltung des Ackers

7. Auflage

ORGANISCHER LANDBAU VERLAG
KURT WALTER LAU

OLV
Fachverlag für Garten und Ökologie

Bibliografische Information der Deutschen Bibliothek
Die Deutsche Bibliothek verzeichnet diese Publikation in der Deutschen Nationalbibliographie; detaillierte bibliografische Angaben sind im Internet unter http://dnb.d-nb.de abrufbar.

Verlagshinweis: Die Basis zu dem vorliegenden Werk lieferte eine Buchveröffentlichung mit dem gleichen Titel aus dem Jahr 1943 von Prof. Dipl. Ing. Dr. Franz Sekera, ehemals Leiter des Institutes für Pflanzenernährung und Bodenbiologie an der Hochschule für Bodenkultur in Wien und Hochschullehrer ebenda.
Die Autorin aller späteren Auflagen des Werkes, Dipl. Ing. Margareth Sekera, Ehefrau von Prof. Dr. Franz Sekera, bearbeitete und erweiterte das Werk neu.
Das Buch wurde in Anlehnung an die 5. Auflage von 1984 nach den neuen Regeln der deutschen Rechtschreibung gesetzt. Auf Wunsch der Autorin und des Verlages gibt es keine weiteren inhaltlichen Veränderungen des Werkes. Das Buch ist mit den Originalfotos der Erstauflagen ausgestattet. Sie sind mit den damaligen technischen Möglichkeiten erstellt worden und entsprechen nicht mehr in allen Fällen den heutigen visuellen Ansprüchen. Da sie jedoch einen dokumentarischen wie historischen Wert darstellen und auch teilweise unverzichtbare Bestandteile der Aussagen in dem Werk sind, hat sich der Verlag erneut dazu entschlossen, sie in dem Buch zu belassen.

Redaktion: Kurt Walter Lau
Satz: Danka Wijnhoven, OLV Verlag
Druck und Bindung: Interpress, Ungarn
ISBN 978-3-922201-84-7

Klimaneutral
Druckprodukt
ClimatePartner.com/12667-2011-1001

Gerne senden wir Ihnen unser Verlagsverzeichnis:
OLV Organischer Landbau Verlag Kurt Walter Lau
Im Kuckucksfeld 1
D-47624 Kevelaer
Tel. (02832) 9727820
Fax: (02832) 9727869

FSC
www.fsc.org
MIX
Papier aus verantwortungsvollen Quellen
FSC® C114504

Besuchen Sie uns im Internet auf
www.olv-verlag.eu Dort finden Sie aktuelle Informationen zu unseren Neuerscheinungen und können unseren kostenlosen Newsletter abonnieren.

Vorwort

Als (seinerzeit) die 5. Neuauflage von „Gesunder und kranker Boden" geplant wurde, stellte ich mir die Frage, wieweit neue Praktiken des Maschineneinsatzes und Agrikultur technische Maßnahmen einbezogen werden sollen. Doch nahm ich davon Abstand, denn dieses Büchlein soll nicht Rezepte für die Bewirtschaftung geben, vielmehr die Zusammenhänge im Lebensraum Boden aufzeigen. In dieser Lebensgemeinschaft hat sich nichts geändert, noch sind weitere Erkenntnisse hinzugekommen.

Es wird heute eine Vielzahl von technischen Errungenschaften angeboten, immer wieder werden Änderungen vorgenommen und der Markt wird ständig neu beschickt. Zu welchen Möglichkeiten sich der Bauer entschließt, hängt von seinen Gegebenheiten ab. Für die Erhaltung der Bodengare gilt der gleiche Grundsatz wie vor Jahren: jeder technische Einsatz muss sich den natürlichen Forderungen des Bodens anpassen und so schonend wie möglich sein.

In den Flachlandgebieten sind in den letzten Jahrzehnten große Umstellungen erfolgt. Der viehlose Betrieb herrscht vor und stellt durch seine einseitige Wirtschaftsweise hohe Forderungen an den Boden. Die wenigsten Bauern bieten ihrer Scholle ein Äquivalent für den Entzug der gesunden Fruchtfolge und des Stallmistes an. Die Erträge werden nur mit sehr hohen Düngergaben, Bewässerung und sehr teurem Maschineneinsatz gehalten. Das liegt aber nicht im Sinn einer produktiven Wirtschaft. Gerade bei extremer Belastung des Bodens muss die Monotonie im Ackerbau durch erweiterte Fruchtfolgemaßnahmen unterbrochen werden. Um eine dauernde Bodenfruchtbarkeit zu erhalten, muss man immer mit der Natur und nie gegen sie arbeiten, denn erst dann ist der Betriebserfolg gesichert und unsere Aufwendungen sind rentabel.

Aufrichtig dankbar bin ich für das große Interesse, das den Fragen der Bodenbewirtschaftung entgegengebracht wird.

Der besondere Dank aber gebührt der großen Zahl der Landwirte, die immer wieder Anregungen geben und ihre Beobachtungen zur Verfügung stellen. Ihnen sei auch dieses Buch gewidmet, mit dem Wunsch, dass es ein kleiner Beitrag zum besseren Verstehen des Bodens sei, und mit der Hoffnung, dass jeder Bauer seinen Boden so genau beobachtet und kennt, dass er dessen Hausarzt sein kann.

Margareth Sekera

INHALT

Bodengare und Bodenstruktur

„Bodengare" ist ein altes Bauernwort und der Inbegriff für den gesunden und fruchtbaren Boden. Unter einem garen Acker versteht man einen krümeligen, gut durchlüfteten Boden, der beim Ackern keine Schollen macht. Das Wesen des garen Bodens ist also seine Krümeligkeit. Und doch muss ein Acker, der mit dem Pflug oder einem anderen Bearbeitungsgerät, durch wühlende Tiere oder den Frost, krümelig gemacht wurde, noch lange nicht gar sein. Erst wenn die Krume die ganze Vegetationszeit über krümelig bleibt und nicht unter der verschlämmenden Wirkung des Wassers zusammenbricht, kann man von Gare sprechen.

Als man an die Erforschung der Bodengare ging, war es wohl erwiesen, dass die Gare mit der Krümelstruktur im engsten Zusammenhang steht, aber es gab lange Zeit Streit zwischen den Bodenbiologen und den Kolloidchemikern, wer für diese Probleme kompetent wäre. Die Kolloidchemiker sahen die Beständigkeit der Bodenkrümel in der Wasserbeständigkeit der Bindesubstanz des Bodengefüges, während die Biologen die Lebendverbauung der Krümel durch die im Boden lebenden Mikroorganismen als Ursache annahmen. Heute weiß man, dass beide Komponenten zusammenwirken müssen, um den Krümelzustand zu erhalten.

Alles Leben im Boden, die Pflanzenwurzeln, wie auch die Bodenorganismen, sind von ihrem Lebensraum abhängig. Dieser Lebensraum ist ein Hohlraumsystem, das aus verschieden großen Poren besteht. Ihrer Größe nach haben sie verschiedene Funktionen zu erfüllen und man unterscheidet:

grobe Poren (größer als 0,03 mm) zur Durchlüftung des Bodens. Die Wurzeln und Bodenorganismen atmen und sind daher auf die Sauerstoffzufuhr angewiesen. Diese Luftkanäle des Bodens sind nur vorübergehend mit Wasser erfüllt, aber sie sind notwendig zur raschen Wasserverteilung im Boden;

mittlere Poren (0,003 - 0,03 mm), die das Wasserleitungssystem des Bodens bilden und der Regenspeicherung dienen;

feine Poren (unter 0,003 mm), die in Zeiten der Dürre die letzten Wasserreserven speichern und damit zur Erhaltung des Bodenlebens dienen.

Diese Gliederung des Lebensraumes entspricht auch den Ansprüchen der verschieden großen Bodenorganismen, deren Zusammenleben nicht immer ganz friedlich verläuft. So sind z. B. die Bakterien in kleinen Hohlräumen vor den feindlichen Zugriffen größerer Organismen, wie der Protozoen, gesichert. Jede Veränderung in der Hohlraumgliederung hat daher nicht bloß eine Umstellung des Wasser- und Lufthaushaltes zur Folge, sondern sie bewirkt auch eine soziologische Umschichtung seiner Bewohner. **Optimale Lebensbedingungen herrschen, wenn grobe, mittlere und feine Poren etwa zu gleichen Anteilen nebeneinander bestehen, denn dann ist ein Gleichgewicht zwischen Durchlüftung, Wasserleitung und Wasserspeicherung gegeben.**

Gefüge und Hohlraumgliederung kennzeichnen die Bodenstruktur. Bei optimalen Bedingungen ist sie durch einen Verband von 1 – 3 mm großen Krümeln gekennzeichnet, d. h. durch eine Krümelstruktur mit einem schwammigen Hohlraumsystem. Während die Krümelzwischenräume ein verzweigtes Netz von Luftkanälen bilden, liegen die mittleren und feinen Poren in den Krümeln selbst.

Wird der Boden von einem Ackergerät gekrümelt, so lagern die einzelnen Krümel nur locker aneinander und berühren sich nur punktförmig. Eine kapillare Wasserbewegung von einem Krümel zum anderen ist dabei unmöglich. Daher ist eine solche lockere Lagerung an der Oberfläche des Ackers erwünscht, um Verdunstungen zu unterbinden; sie würde aber im Wurzelraum völlig versagen, weil das von den Wurzeln verbrauchte Wasser vom Boden nicht nachgeliefert werden kann. Der mechanisch gekrümelte Boden ist also noch nicht der optimale Strukturzustand. Dieser entsteht erst, wenn nach dem Absitzen des Ackers die Krümel untereinander verwachsen und sich ein Krümelverband bildet. Das geschieht einerseits auf kolloidchemischem Weg, bei dem die ausgeflockten Bodenkolloide nach dem Prinzip von Baustein und Mörtel Primäraggregate von 0,1 – 0,2 mm Größe bilden. Anderseits erfolgt eine biologische Aggregatbildung; dabei werden die Primäraggregate von Bodenorganismen und Humussubstanzen zu 1 – 3 mm großen Krümeln verbaut (Lebendverbauung). In Abb. 1 ist dieser Vorgang schematisch skizziert.

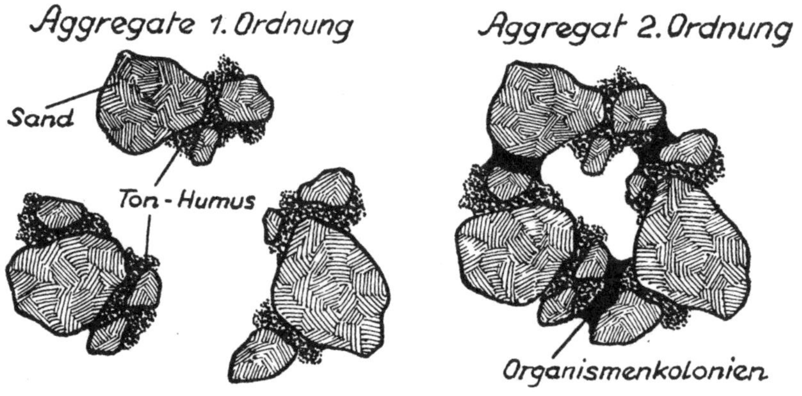

Abb. 1
Der allgemeine Bauplan der Krümelstruktur

Dieser Bauplan der Bodenstruktur lässt erkennen, dass Strukturstörungen zweierlei Ursachen haben können. Wenn infolge mangelnder Kolloidausflockung die Primäraggregate nicht wasserbeständig sind, dann spricht man von einem Gefügeschwund. Ist die Lebendverbauung durch die Mikroorganismen unzulänglich und halten die vom Pflug erzeugten Krümel der verschlämmenden Wirkung des Wassers nicht stand, dann bezeichnet man dies als Gareschwund.

Der Gefügeschwund kennzeichnet sich in einer Verquellung und Verkittung der Bodenporen, wodurch das Organismenleben empfindlich gestört wird und aus diesem Grund eine stabile Krümelbildung ausgeschlossen ist. Die daraus entstandenen Bodenverdichtungen erstrecken sich auf Krume und Untergrund und zeigen im Auflichtmikroskop ein wachsartiges, gesintertes Aussehen des Gefüges. Solche gefügekranke Böden bedürfen besonderer Meliorationsmaßnahmen und nur erfahrene Bodenspezialisten werden eine richtige Diagnose stellen und Abhilfe schaffen können. Da diese Böden in der Regel selten sind und nur gebietsweise auftreten und überdies die Heilung dieser Schäden nicht allein in der Hand des Landwirtes liegt, soll hier darauf nicht näher eingegangen werden. In leichteren Fällen werden die peptisierenden und beweglichen Kolloide durch Kalk- bzw. Gipsdüngung zur Ausflockung gebracht werden können.

Der Gareschwund ist durch eine geringe Krümelbeständigkeit infolge mangelhafter Lebendverbauung und Humusbildung bedingt. Die Boden-

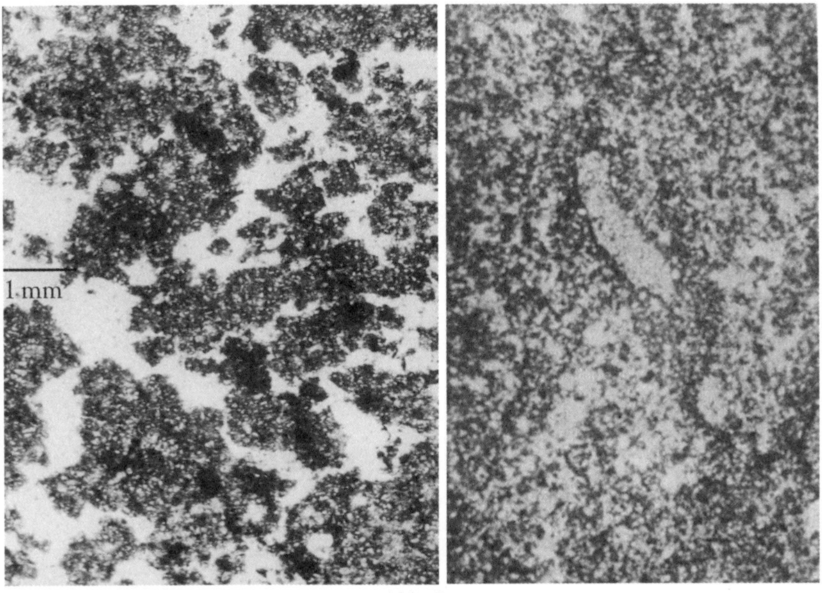

Abb. 2
Krümeliger und verdichteter Boden (Dünnschliff)

Verdichtungen beschränken sich auf die bearbeitete Krume, während der Untergrund wasser- und luftdurchlässig bleibt. Im Mikroskop erscheint das Gefüge schorfig. Wie sich die Struktur eines krümeligen und eines gare-losen, verdichteten Bodens unterscheidet, ist in der Mikroaufnahme, Abb. 2, dargelegt.

Links sieht man, dass die Krümelzwischenräume ein zusammenhängendes Netz grober Poren (Luftkanäle) bilden, während die feineren Poren in den Krümeln selbst liegen. In dieser zweckmäßigen Gliederung – jedes einzelne Krümel bildet einen Wasserspeicher für sich – kann der Regen die Hohlräume rasch füllen und dann das Wasser langsam abgeben. Zudem sind die Krümel ausgiebig von Luft umspült, so dass die besten Vorausetzungen für das Organismenleben und die Wurzeln gegeben sind.

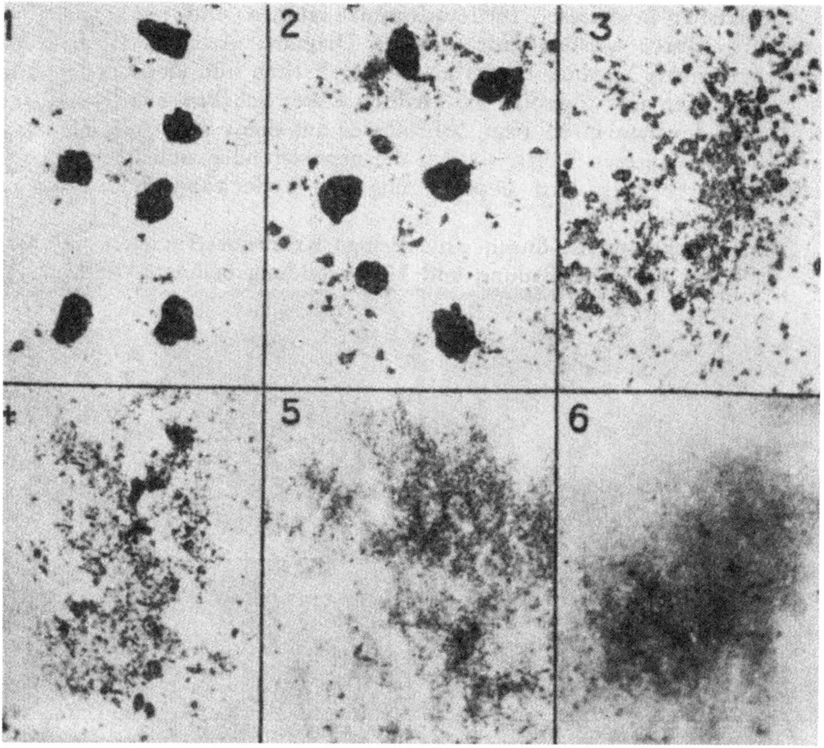

Abb. 3

Das Verschlämmungsbild kennzeichnet die Krümelbeständikeit.

Note 1: Kein Zerfall oder nur große Bruchstücke
Note 2: Vorwiegend große und wenig kleine Bruchstücke
Note 3: Annähernd gleiche Anteile großer und kleiner Bruchstücke
Note 4: Vorwiegend kleine und wenig große Bruchstücke
Note 5: Nur kleine Bruchstücke
Note 6: Vollständige Auflösung des Bodengefüges, Trübung des Wassers

Nun aber eine wichtige Frage: was nützt es, mit Pflug und Egge eine Krümelstruktur mühevoll herzustellen, wenn sie bald wieder zusammenbricht? Auf der rechten Seite der Abbildung ist das Bild so verändert, dass man einen anderen Boden vor sich zu haben vermeint. Dieser Vorgang vollzieht sich aber auf den meisten Äckern Jahr für Jahr und die auflockernde Wirkung des Pfluges hält nicht lange stand. Meist setzt der Verfall so bald ein, dass schon im Frühsommer die Krume zusammenbricht und verdichtet daliegt. Es fehlen die Luftkanäle und alle Lebensvorgänge im Boden sind damit gedrosselt. Wasserleitung und Wasser-speicherung funktionieren nicht mehr; der Boden ist bald zu nass und bald zu trocken. Die Bearbeitung eines solchen Ackers ist mit großen Schwierigkeiten verbunden. Der Pflug krümelt nicht mehr, sondern bricht grobe Schollen und verlangt kostspielige Nachbearbeitung.

Durch diese Beobachtungen angeregt und den Forderungen, eine haltbare Krume herzustellen, nachkommend, wurde die Beständigkeit der Ackerkrume geprüft. Es geschah dies auf sehr einfache Weise, indem 10 g lufttrockene Krümel (2 – 3 mm) in eine flache Schale mit Wasser gelegt und nach einiger Zeit kräftig durchgeschüttelt wurden. Es ergibt sich dann ein sehr anschauliches Verschlämmungsbild (Abb. 3), das in ein Notensystem eingereiht wird.

Es gibt heute auch quantitative Methoden zur Beurteilung der Krümelbeständigkeit, aber der Praktiker wird mit dieser einfachen Methode das Auslangen finden. Es ergeben sich von Acker zu Acker alle möglichen Übergänge von guter Beständigkeit bis zum vollständigen Zerfall der Krümel. Um festzustellen, ob diese Erscheinung bodenbedingt oder auf Kulturmaßnahmen zurückzuführen ist, wurden die unmittelbar angrenzenden Ackerraine nach dieser Methode geprüft. Solche Vergleiche sind immer sehr aufschlussreich und man kann daraus lernen, wie weit sich der Acker von den natürlichen Bedingungen entfernt hat. Es war ein sehr anschaulicher Vergleich, der ergab, dass der naturbelassene Ackerrain stets eine bessere Krümelbeständigkeit aufweist, als der kultivierte Acker.

Wie groß die Unterschiede sind, ist aus Abb. 4 zu entnehmen.

Mit diesen Befunden war der Beweis erbracht, dass der Strukturverfall am Acker durchaus nicht ein natürlicher Alterungsprozess des Bodens sein kann, vielmehr eine Kulturkrankheit ist, die sich als Folge der ackerbaulichen Maßnahmen eingestellt hat. Der Verfall schreitet umso weiter fort, je einseitiger die Wirtschaftsweise ist. Mit dem Vergleich zwischen Acker und Ackerrain bot sich aber wieder die Aussicht, die krank gewordenen Ackerböden zu heilen, aber es galt erst herauszufinden, was den zur Verschlämmung neigenden Ackerkrumen fehlt. Die Fragestellung lautete: Was macht die Krümelstruktur des natürlichen Bodens so beständig und wodurch kommt es zum Verfall?

Zunächst wurde ein Wassertropfen, der auf einen Bodenkrümel fällt, genau betrachtet. Das gehört zu den interessantesten Beobachtungen, die man mit einem einfachen Mikroskop (etwa zehnfache Vergrößerung) anstellen kann. Vom Standpunkt der Pflanzenwurzel oder der Mikro-

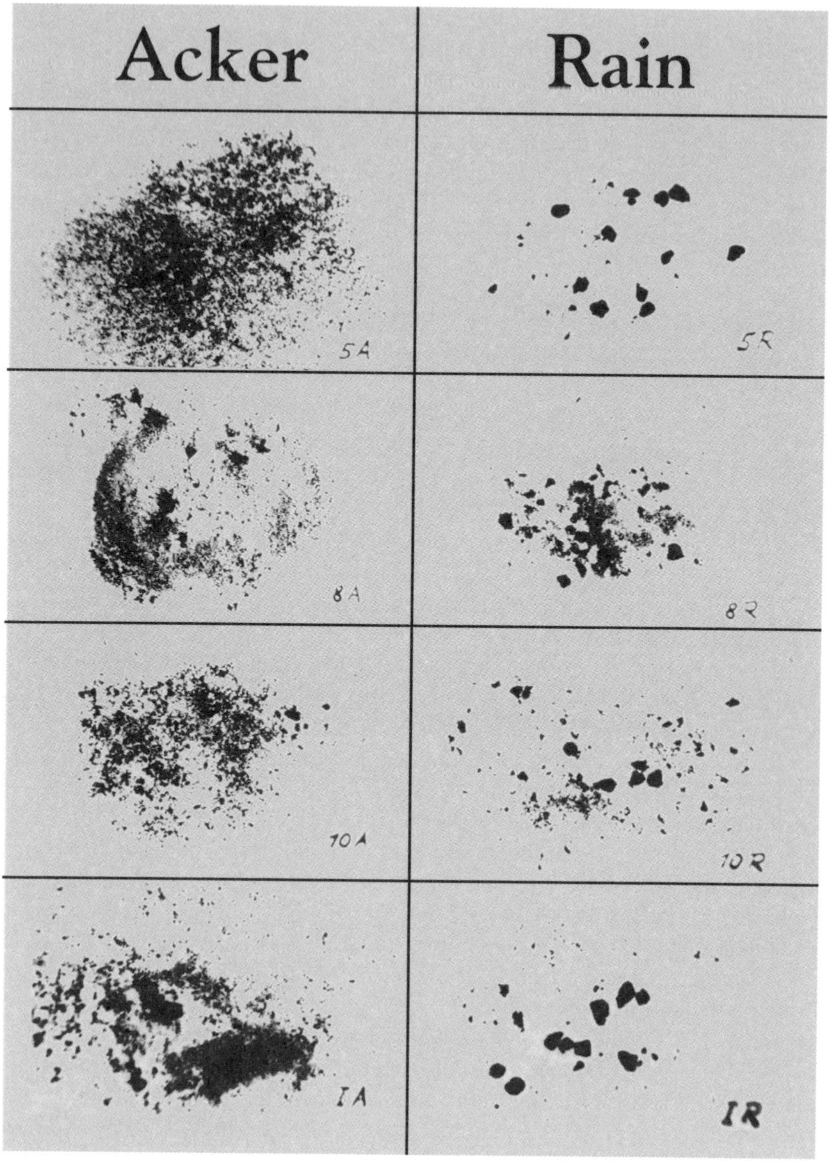

Abb. 4
Die Krümelbeständigkeit des Ackers und Ackerraines

organismen aus, glaubt man einem katastrophalen Erdbeben zuzusehen. Zunächst dringt das Wasser in die Bodenporen ein; das geht sehr ruhig vor sich. Dann aber geht eine erdbebenartige Bewegung durch das Bodengefüge und es kommt zu einer Gefügesprengung, die zuweilen sehr rasch, in anderen Fällen sich langsam vollzieht. Sie lässt erkennen, dass ein Krümel durchaus nicht ein Haufwerk von Einzelteilchen darstellt, sondern aus Aggregaten besteht. Das heißt, Sand und Ton sind wie Baustein und Mörtel zu Aggregaten zusammengefügt und viele solcher Aggregate bilden einen Krümel. Bei manchen Böden fallen die Krümel unter Einwirkung des Wassers auseinander und werden umso mehr verschlämmt, je kleiner die Aggregate sind. Bei anderen Böden kommt es wohl auch zur Gefügesprengung, aber es kommt nicht zum Zerfall der Krümel. Es handelt sich dann um beständige Krümel der Ackerraine und der gesunden Äcker.

Bei der Erforschung der Aggregatbeständigkeit wurde wieder das Mikroskop eingeschaltet. Diesmal wurde bei ungefähr hundertfacher Vergrößerung jeder Krümel mit einer Nadel zerstört und dabei gewahrte man einen losen Zusammenhang der Aggregate. Man wird dabei an einen Erdballen erinnert, der durch Wurzeln verbunden ist. Nur ist dieser Vergleich in die mikroskopischen Dimensionen zu übersetzen. So wie ein Berghang die schützende Pflanzendecke und ihr Wurzelwerk braucht, um vom Wasser nicht hangabwärts geschwemmt zu werden, so brauchen auch die Bodenkrümel eine solche L e b e n d v e r b a u u n g. Was im Großen die Pflanze besorgt, das schaffen hier im Kleinen die Mikroorganismen – die Bakterien, Pilze, Actinomyceten, von denen ja mehrere Millionen in einem Gramm Boden zu finden sind. Man hat ausgerechnet, dass im Boden je Hektar rund 1000 kg Bodenorganismen tätig sind, um die organische Substanz zu zersetzen und Pflanzennährstoffe mobil zu machen. Das bedeutet, dass das Gewicht der Bodenorganismen je Hektar gleich groß ist, wie das Gewicht der Nutztiere, die von einem Hektar ernährt werden können. Dass bei dieser Besiedlung des Bodens mit Mikroorganismen die Bodenteilchen bisweilen dicht bewachsen sind, ist schon R. LANG und P. VAGELER aufgefallen, ohne dass die Forscher daraus eine Schlussfolgerung gezogen hätten. Als F. SEKERA im Jahre 1938 den Ursachen der Bodenverschlämmung nachging und sich an Hunderten von Böden die Mikrobenbesiedlung ansah, drängte sich ihm spontan der Vergleich mit der Lebendverbauung auf, die von den Forstwirten auf erosionsgefährdeten Berghängen gegeben wird, indem sie nach der Rodung des Waldes möglichst raschwüchsige Pflanzen ansiedeln und dadurch der Bodenabtragung Einhalt gebieten. Dieser Vergleich stimmt bis in alle Einzelheiten; man braucht bloß vom großen Maßstab des Berghanges auf die mikroskopischen Dimensionen der Krümel übersetzen, um zu erkennen, dass die verschlämmende Wirkung des Wassers im Boden eine M i k r o - E r o s i o n auslöst, der nur eine ausreichende Lebendverbauung der Krume durch die Bodenorganismen entgegengestellt werden kann. Mit diesem neuen Einblick in die Natur des Bodens war sozusagen der tote Punkt in der Erforschung der Bodengare überwunden und von da an konnte Frage an Frage gereiht und beantwortet werden.

Der erste Schritt bestand darin, die Lebendverbauung der Krümelstruktur sichtbar zu machen und durch die Mikrofotografie naturgetreue Bilddokumente zu schaffen. Durch besondere Methoden der Fixierung und Anfärbung konnten im natürlich gewachsenen Boden die Bilder von dem Siedlungswesen der Bodenorganismen erhalten werden, von welchen nachstehend eine kleine Auswahl vorliegt, um auch dem praktischen Landwirt eine Vorstellung vom Leben im Boden zu geben.

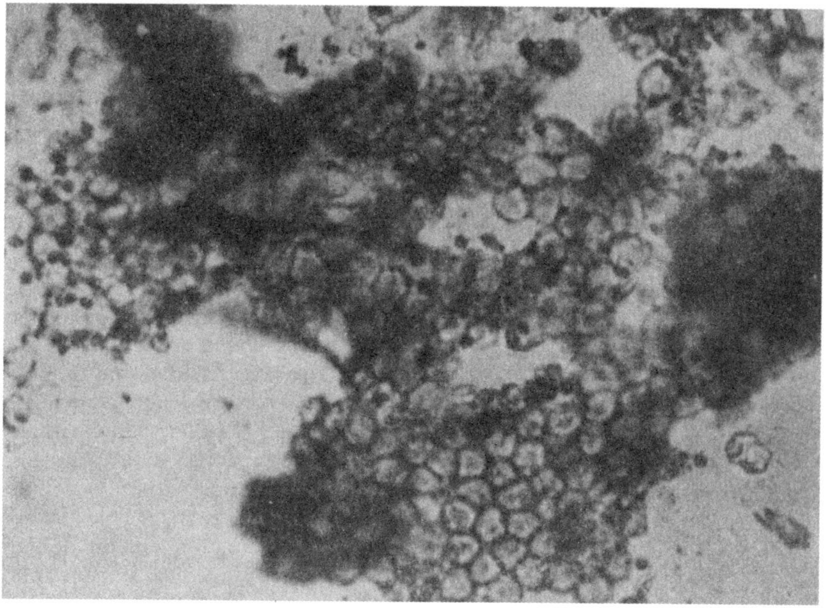

Abb. 5
Lebendverbauung durch Bakterienkolonien

Abb. 5 zeigt eine Bakterienkolonie (Azotobakter). Man kann beobachten, wie die Kokken bis in die feinsten Kapillaren des Bodens hineinwachsen. Verfolgt man das Schicksal dieser Ansiedlung weiter, dann sieht man (Abb. 6), wie sich die einzelnen Kokken mit Schleimmassen umgeben und ein inniges Zusammenleben mit anderen Organismen, in diesem Fall fadenförmigen, beginnen. Im nächsten Stadium (Abb. 7) ist von den Kokken nichts mehr zu sehen; sie sind abgestorben. Aber die von ihnen produzierten Schleimmassen kleiden die Hohlräume aus und geben im Verein mit den fadenförmigen Organismen (Abb. 8), der Bodenstruktur erhöhte Festigkeit und einen elastischen Zusammenhalt.

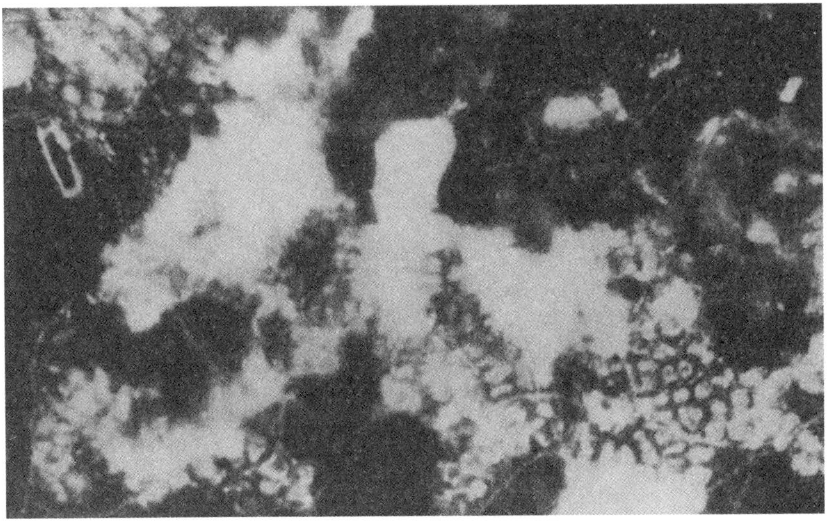

Abb. 6
Reifestadium einer Lebendverbauung durch Acotobakter

Die Kurzlebigkeit der Mikroorganismen bringt es mit sich, dass ihre Ansiedlungen ein ständig wechselndes Bild bieten. Die Zersetzungsprodukte und Rückstände absterbender Kolonien liefern neue Bauelemente für das Bodengefüge und festigen dessen Bindesubstanzen, so dass sich aus dieser „Lebendverbauung" eine, mit der Organismentätigkeit zu- und abnehmende Haltbarkeit der Krümelstruktur ergibt.

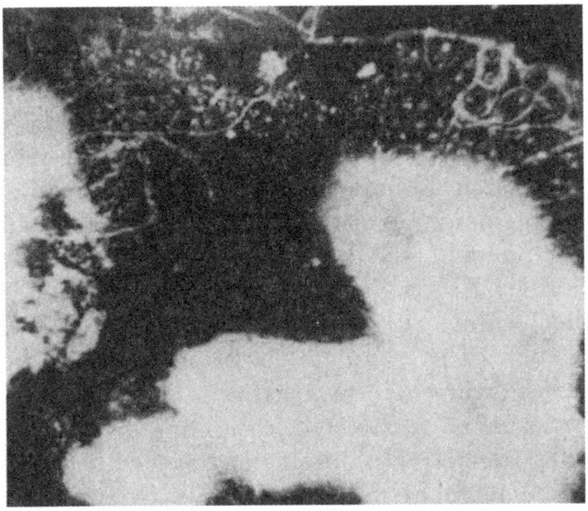

Abb. 7
Endstadium einer Krümelverbauung durch Azotobakter

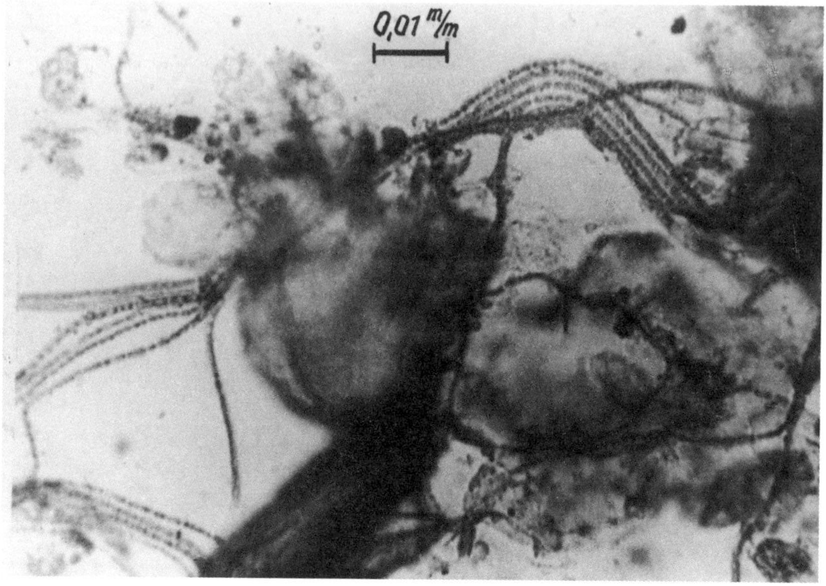

Abb. 8
Lebendverbauung durch Organismenfäden

Der zweite Schritt zur Erforschung dieser Erscheinung bestand darin, nachzuweisen, dass durch diese Lebendverbauung tatsächlich eine größere Haltbarkeit der Krume erreicht wird und die verschlammende Wirkung des Wassers abgewehrt werden kann. Es sind heute Untersuchungsmethoden bekannt, mit denen die Lebendverbauung und ihre zeitlichen Schwankungen kontrolliert werden können. Besonders anschaulich ist ein Vorlesungsversuch, bei dem mit einfachsten Mitteln die Krümelbeständigkeit getestet wird. Wie Abb. 9 zeigt, werden Krümelproben auf einer schrägen Unterlage dem Regen ausgesetzt (mit Wasser besprüht). Die Vorbereitung der beiden Proben unterscheidet sich lediglich darin, dass die Probe rechts, beim Krümeln etwa 0,5% organische Substanz (z. B. Luzernemehl) beigemengt erhielt und dann beide Proben zwei bis drei Wochen hindurch feucht gehalten wurden, so dass die Mikroorganismen Zeit hatten, sich in Abhängigkeit von der gebotenen Nahrung zu vermehren und die Krümel zu verbauen.

Wie der Versuch sehr anschaulich zeigt, werden die „unverbauten" Krümel vom Regen verschlämmt, während die „verbauten" dem Wasser standhalten. (Setzt man dem Versuch ein Bakteriengift zu, dann werden die Krümel trotz der verabreichten organischen Substanz verschlämmt; ein Beweis dafür, dass nicht die organische Substanz, sondern die von ihr lebenden Mikroorganismen die Krume haltbar machen.)

Dieser Effekt der bodenbiologischen Aggregatbildung wurde während des Zweiten Weltkrieges auch von amerikanischen Bodenbiologen eingehend

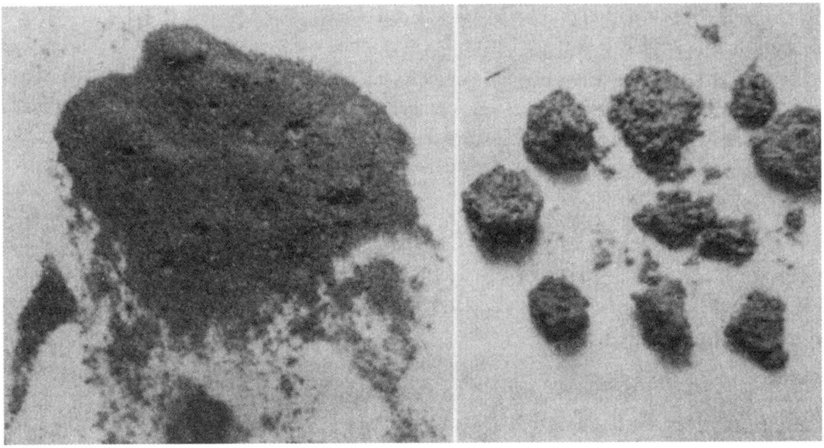

- Abb. 9
Unverbaute und verbaute Krümel im Regen

erforscht. Der Begriff „Lebendverbauung der Krume“ ist heute bereits Allgemeingut des wissenschaftlichen und praktischen Schrifttums der Landwirtschaft geworden, und man kann dem Begriff „Bodengare" eine eindeutige Definition geben:

Unter Bodengare versteht man die Lebendverbauung der Krümelstruktur durch die bodenständigen Mikroorganismen.

Wenn der Landwirt sagt, der Acker wird nach seiner Lockerung durch den Pflug „gar", dann heißt dies, dass die vom Pflug erzeugte Krume von den Bodenmikroben „verbaut" wird und damit die Beständigkeit erhält, die für eine anhaltend optimale Bodentätigkeit Voraussetzung ist. Anderseits deutet eine Verschlämmung und Verdichtung darauf hin, dass die Lebendverbauung nicht ausreichend war. Der Pflug hat wohl den Boden mechanisch gekrümelt, aber die Garebildung durch die Mikroorganismen ist ausgeblieben.

Es erhebt sich nun die Frage, was der Landwirt tun muss, um die Verbauung einzuleiten und den gepflügten Acker gar zu machen.

Drei Voraussetzungen müssen erfüllt sein:

1. Die Primäraggregate müssen wasserbeständig vorgebildet sein, denn kolloidale mikroskopisch und submikroskopisch kleine Einzelteilchen können von den Mikroorganismen nicht zusammengehalten werden. Je größer und sperriger die Aggregate sind, umso leichter werden sie verbaut. Liegen die Bodenkolloide in peptisierter und beweglicher Form vor, so muss durch eine Kalk- bzw. Gipsdüngung der Kalkzustand in Ordnung gebracht und eine Kolloidausflockung herbeigeführt werden. Eine Auflösung der Bodenkolloide führt zum Gefügeschwund, d. h. zur Auflösung der Aggregate oder zur Verquellung und Verkittung der Poren, wodurch das Organismenleben gehemmt wird.

2. Die Versorgung der Bodenorganismen mit organischer Nahrung muss ausreichend sein. Dies geschieht durch die im Boden erzeugte Wurzelmasse, durch die oberirdischen Pflanzenrückstände und die organische Düngung. Unzureichende Ernährung der Bodenorganismen hat mangelhafte Lebendverbauung und einen Gareschwund zur Folge.
3. Das Bodenklima muss ausgeglichen sein. Es muss getrachtet werden, dem Boden immer eine Bedeckung in Form einer Pflanzendecke oder einer Streuschicht zu geben. Damit wird die Lebendverbauung der Krume vor Regenschlag, Austrocknung und Verwehung geschützt.

Aus diesen drei Fundamenten der Bodengare leiten sich alle praktischen Maßnahmen der Garepflege ab. Die althergebrachten Begriffe von Bearbeitungs- und Frostgare bedürfen heute einer Korrektur. Ein Ackergerät oder der Frost kann den Boden nur mechanisch krümeln, ihn aber nie gar machen. Es ist darum unrichtig, von Bodengare zu sprechen, wenn der Frost die Schollen über Winter gut aufgemürbt hat und durch die mechanische Vorbereitung ein befriedigendes Saatbeet erreicht wurde. Entscheidend ist, ob nach der mechanischen Krümelung des Bodens eine Lebendverbauung einsetzt und die Krume von den Bodenorganismen haltbar gemacht wird. Erst die Pflanze wird zum Garebildner, weil ihre Wurzelmasse die Nahrungsration für die Bodenorganismen bildet und ihre oberirdischen Teile den Boden beschatten und die Prozesse der Garebildung gegen störende Einwirkungen schützen. Daher ist die Bodengare an den Lebenslauf der Pflanzenbestände am Acker gebunden. Infolge der Kurzlebigkeit der Mikroorganismen ist sie kein stationärer Zustand, sondern dauernd im Aufbau oder Abbau begriffen, in dem Maße, als Bakterienfutter anfällt und der Boden eine schützende Pflanzendecke trägt.

Je mehr organische Masse im Boden erzeugt wird, umso besser funktioniert die Lebendverbauung. Vegetationspausen bedeuten eine Hungerperiode für die Bodenorganismen und verschulden daher ein Abklingen der Lebendverbauung und ein Zunehmen der Verschlämmungsgefahr.

Doch selbst die lebenden Brücken und Schleimmassen der Bodenorganismen bilden noch keinen dauernden Schutz gegen die Verschlämmung, wenn das ihnen gebotene Futter restlos abgebaut und zu Kohlensäure veratmet wird. Nur wenn beim Abbau der organischen Substanz auch Humus gebildet wird und Humusbrücken die Bodenteilchen verkitten oder Humustapeten die Hohlräume auskleiden, dann entsteht ein anhaltender Schutz vor Verschlammung. Zur Humusbildung sind aber die Mikroben (Bakterien, Pilze usw.) nur im Zusammenleben mit tierischen Organismen (Würmern, Milben, Springschwänzen usw.) befähigt. Das heißt, man muss trachten, dem Boden eine Lebensgemeinschaft von Mikroflora und Mikrofauna zu geben, erst dann erhalten die Primäraggregate die notwendige Verbauung und Humusverkittung, die dauernde Festigkeit sichert.

Diese Zusammenarbeit der biologischen Organisation von höherer Pflanze, Mikroflora und Mikrofauna bezeichnet man als „Biozönose“. Alle Partner sind zu gleichen Teilen aufeinander angewiesen. Die Pflanzendecke stellt das Futter für die Bodenorganismen bei und erzeugt das günstige Bodenklima, das sie für ihre Tätigkeit brauchen, die Mikroben und Bodenkleinsttiere wieder bauen einen optimalen Lebensraum für die Pflanzenwurzel.

Kein Acker bleibt nach der Lockerung in dem Zustand; immer wirken im Boden zwei Vorgänge einander entgegen – Lockerung und Verdichtung. Den menschlichen Mühen steht als Gegenspieler die verschlämmende Wirkung des Wassers entgegen. Nicht nur die Befeuchtung des Bodens, sondern auch seine Austrocknung, bewirken eine Verdichtung der Bodenstruktur, denn in beiden Fällen ist das Wasser in Bewegung und die Mikroerosion am Werke der Zerstörung. Die Bodenstruktur unterliegt daher ständigen Wandlungen, die folgend verlaufen:

verdichteter Boden	—1→ ←2—	labile Krümelung	—3→ ←4—	stabile Krümelung

Die Pfeile sollen andeuten, dass ständige Bewegung in der Bodenstruktur herrscht. Der Pfeil 1 kennzeichnet die Vorgänge der Bodenlockerung (mechanische Bearbeitung, biologische Lockerung, Frost), der Pfeil 2 die ihnen entgegenwirkenden Vorgänge der Verdichtung. Durch die Lockerung entsteht zunächst eine labile Krümelstruktur, die immer wieder neuerlich der Verdichtung unterliegt und daher nur eine vorübergehende Besserung schafft, wenn nicht eine Lebendverbauung (Pfeil 3) einsetzt und eine stabile Krümelstruktur entsteht. Dieser Garezustand hält so lange an, als die Mikroorganismen gute Lebensbedingungen vorfinden und Humus produzieren können. Ist das nicht möglich, dann setzt ein Gareschwund ein (Pfeil 4) und der Boden unterliegt wieder der Verdichtung.

Diese neue Erkenntnis über das Bodenleben muss man nun hineinstellen in den bisherigen Rahmen der Bodenbiologie. Ihr Kernproblem heißt: Boden und Pflanze bilden eine biologische Einheit; die Pflanze ist nicht nur gebender, sondern auch nehmender Bestandteil des Bodens. Ihre Wurzelmasse bildet die Nahrungsgrundlage für das Bodenleben – wenn man dem Boden die Pflanze nimmt, wird er unfruchtbar. Diese fundamentale Tatsache wird kaum bewusst, wenn man die Vorgänge der Bodenbildung, der Pflanzenernährung und die Gesetze des Wasser- und Lufthaushaltes kapitelweise getrennt studiert. Man nimmt diese Einzelprobleme sozusagen isoliert zur Kenntnis und übersieht dabei zu leicht die natürlichen Zusammenhänge. Diese Einzelprobleme greifen aber wie die Zahnräder eines Uhrwerkes ineinander und geben so das Bild einer Organisation, die in Abb. 10 skizziert ist.

Dieser Organisationsplan des Bodens geht von der Tatsache aus, dass die im Boden erzeugte Wurzelmasse die Nahrungsration der Boden-

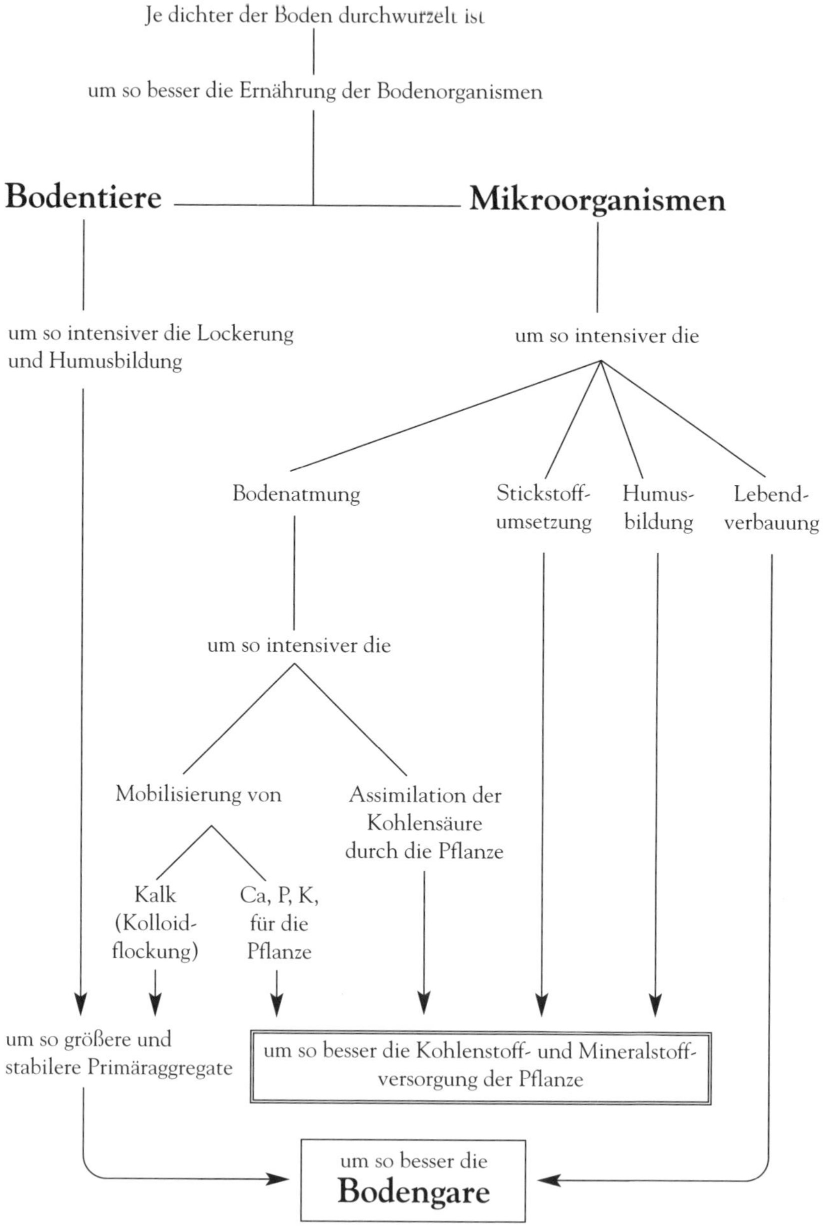

Abb. 10
Organisationsplan des Bodens

Organismen bestimmt und daher die Leistung der Bodenorganismen und Mikroorganismen regelt. Das Schema zeigt besser als lange Erläuterungen die Zusammenhänge, die zwischen dem Organismenleben, der Bodenatmung, der Pflanzenernährung, der Humus- und Garebildung bestehen. Das Naturgesetz des Ackers offenbart sich da in seiner Einfachheit und Zweckmäßigkeit. Es lautet:

Je dichter der Boden durchwurzelt ist, umso günstiger wird die Ernährung der Pflanze und umso vollkommener die Humus- und Garebildung.

Jede Hemmung der Wurzelentwicklung muss also zum Gareschwund führen. Dieses Naturgesetz muss beachtet werden, sooft am Acker mit einer Arbeit begonnen wird. Es folgt einem fundamentalen Gesetz des Lebens überhaupt, nämlich dem Prinzip der gegenseitigen Förderung von Ursache und Wirkung. Das heißt, gesteigerte Wurzelproduktion schafft günstigere Strukturverhältnisse des Bodens und diese ein noch mehr gesteigertes Wachstum der Pflanzen. Und umgekehrt: Gehemmte Wurzelproduktion führt zum Verfall der Bodenstruktur und diese zu einer noch weiteren Hemmung der Pflanze. Ein einmal eingeleiteter Gareschwund schreitet daher unaufhaltsam fort, solange seine Ursachen nicht entdeckt und behoben wurden.

Der Organisationsplan des Bodens zeigt sogleich die Schlüsselstellung, die der Bodengare von Natur zugedacht ist. Von der Beständigkeit der Krümelstruktur hängt es ab, wie lange die Pflanze die optimalen Wachstumsbedingungen genießt, die bei der Bestellung des Feldes hergestellt werden. Von der Beständigkeit der Krume ist es abhängig, ob der Boden als Nährstoff- und Wasserspeicher klaglos funktioniert und es gibt kaum eine Maßnahme der Ackerkultur, die nicht vom Standpunkt der Garepflege zu erwägen ist. K. v. RÜMKER sagte einst sehr treffend: Die Herstellung und Erhaltung der Bodengare ist der Schlüssel zum erfolgreichen Ackerbau.

Das Krankheitsbild des Gareschwundes

Der Strukturverfall ist auf fast allen Äckern mehr oder minder stark ausgeprägt und seine Folgen sind Verschlämmungen und Verdichtungen. Um dem Landwirt die Vorgänge bei dem Zusammenbruch der Struktur deutlich zu machen, zeigt die Bildreihe Abb. 11 das Eindringen und Austrocknen des Wassers und die Veränderungen, die der Boden dabei erleidet.

Die Abbildungen veranschaulichen das Eindringen des Wassers und die zunehmende Sättigung. In der Aufnahme links oben ist die Schwammstruktur des gekrümelten Bodens deutlich zu sehen. Die groben Poren sind noch mit Luft erfüllt, aber die Krümel selbst sind bereits mit Wasser gesättigt. Im Inneren der Krümel sind vereinzelt Luftbläschen eingeschlossen.

Die Aufnahme rechts oben zeigt den Austritt des Wassers aus den gesättigten Krümeln und umhüllt diese mit einem dünnen Wasserfilm. Da der Austritt des Wassers aus den feinen in die groben Poren die Grenzflächenspannung sprunghaft ändert, ist damit ein mechanischer Angriff auf die Struktur verbunden. Das austretende Wasser reißt Bodenteilchen vom Krümelverband los; es beginnt eine Mikroerosion.

Bei der Aufnahme links unten ist die Wassersättigung schon weiter fortgeschritten. Statt der zusammenhängenden Luftkanäle sind nun große Luftsäcke in den groben Poren eingeschlossen. In den strömenden Wasserfilmen wird abgeschlämmtes Feinmaterial transportiert.

Der Zustand voller Wassersättigung ist in der Aufnahme rechts unten erreicht. Abgesehen von einigen kleinen eingeschlossenen Luftbläschen ist das gesamte Hohlraumvolumen mit Wasser erfüllt. Im oberen Gesichtsfeld ist die Struktur schon zusammengebrochen. Ein Vergleich der vier Aufnahmen offenbart auf einen Blick die zerstörende Wirkung des Wassers.

Noch krassere Strukturveränderungen ergeben sich bei der Ableitung des Wassers. Die Luft beginnt wieder in die groben Poren einzudringen. Die Luftbläschen, die in den Leitbahnen eingeschlossen sind, nähern sich einander. Dieser Vorgang geschieht unter pulsierender ruckartiger Bewegung. Dabei erweitern sich einige Kanäle, während andere Teile der Hohlräume allmählich verschüttet werden. In den noch bestehenden Kanälen strömt das Wasser filmartig an den Wänden entlang und führt Erosionsmaterial mit sich. Das ruckartige Vorstoßen der Wasser-Luftmenisken geschieht besonders in abgelagertes Erosionsmaterial. Die Wasserbewegung in den Hohlräumen ist nicht gleichmäßig; oft ist auf der einen Seite eine Wasserbewegung zu beobachten, die Erosionsmaterial mit sich führt, während auf der anderen Seite eine Versandung erfolgt. Die Wirkungen sind nicht anders als bei einem Flusslauf, der in den Krümmungen das Material abträgt, um es an anderen Stellen wieder anzulanden.

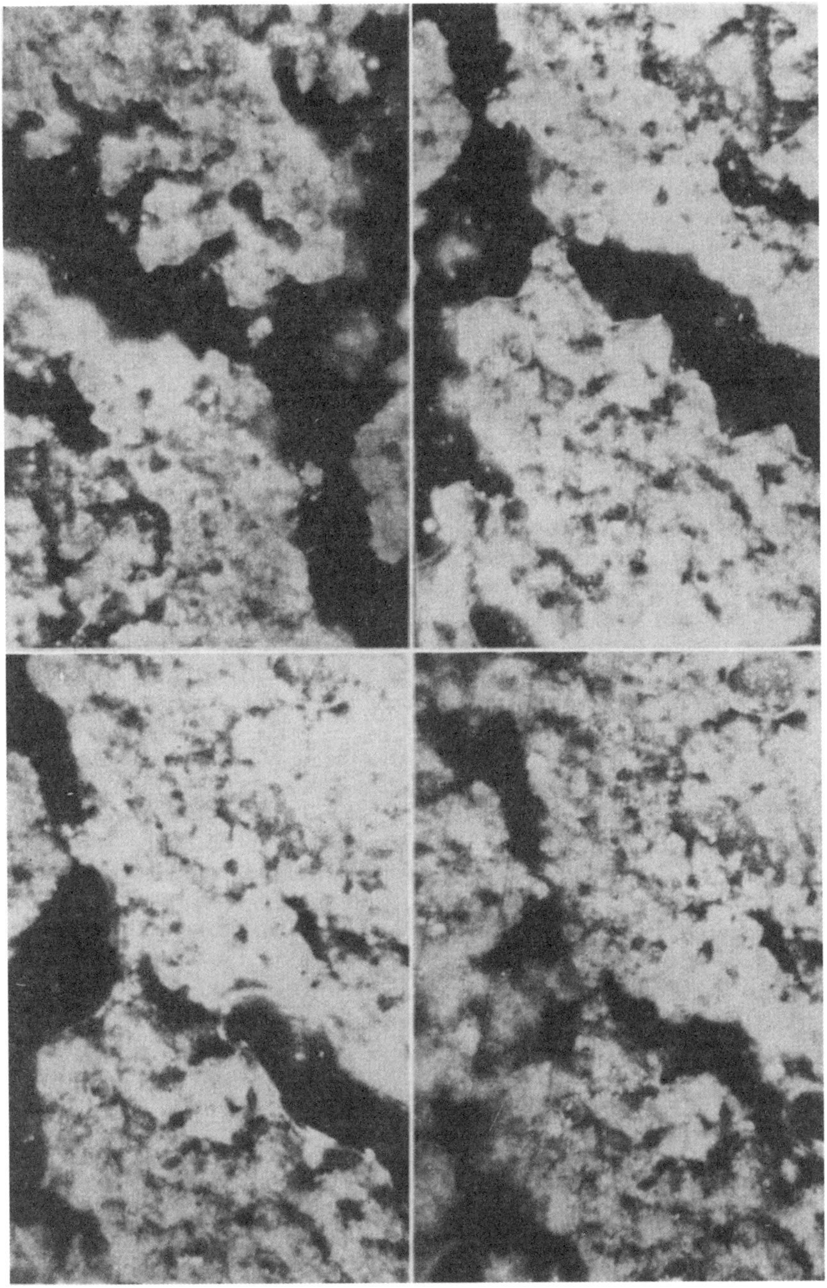

Abb.11
Mikroerosion der Krümelstruktur bei der Durchfeuchtung des Bodens

Im Endstadium ist das Wasser so weit abgeleitet, dass nur mehr die Wände der großen Hohlräume mit einem Film überzogen sind und die Wasserbewegung nicht mehr deutlich sichtbar ist, obwohl angenommen wird, dass eine solche vorhanden ist. Die Dichtlagerung des Bodens wird nach diesen Vorgängen schon deutlich sichtbar.

Leider lassen die Mikroaufnahmen nicht die Bewegung des Wassers und die damit verbundenen Verlagerungen der Bodensubstanz erkennen. Da in den strömenden Wasserfilmen feinstes Erosionsmaterial transportiert wird, ist im Mikroskop auch die Strömungsrichtung ersichtlich. Sie ändert sich häufig, namentlich bei Abzug des Wassers. Oft wird nur ein Teil des Kanales von strömendem, der andere Teil von einem anscheinend ruhenden Wasserfilm überzogen. Durch die stürmischen Bewegungen, namentlich beim Abzug des Wassers, werden oft ganze Bruchstücke losgelöst und fortgespült. Nicht selten werden dabei auch alte Leitbahnen verschüttet und neue gebildet. Führt man sich vor Augen, dass dieser Prozess im Laufe der Vegetationsperiode einige Male wiederholt wird, dann versteht man die Dichtlagerung des Bodens zur Zeit der Ernte. Allerdings wird die Strömungsgeschwindigkeit des Wassers mit zunehmender Verdichtung träger und daher die Mikroerosion gemildert.

Diese Vorgänge sind umso mehr ausgebildet, je weniger stabil die Krümelstruktur ist. Die zerstörenden Kräfte des Wassers büßen in dem Maße an Bedeutung ein, je mehr die Stabilität der Krümel durch die Lebendverbauung zunimmt. In frisch bearbeiteten und in untätigen Böden kann das Wasser viel gefährlicher angreifen, als in jenen, denen die Organismen durch Verbauung und Humusauskleidung ein festes Gerüst gegeben haben.

Diese Mikroerosion ist aber nur der Beginn einer viel ärgeren Erscheinung, nämlich der Makroerosion. Wenn von Erosion die Rede ist, dann denkt man gewöhnlich an die weiten Farmgebiete Amerikas, deren Existenz durch die jährlichen Boden Verluste derart bedroht war, dass man nur durch eine großzügige Aktion Abhilfe schaffen konnte. Der Soil Conservation Service (Bodenerhaltungsdienst) umfasst heute nahezu das ganze Ackerbaugebiet der USA, und man kann ohne Übertreibung sagen, dass die heutige amerikanische Ackerkultur fast ausschließlich im Zeichen der Erosionsbekämpfung steht. In Mitteleuropa ist diese Gefahr wohl nicht so groß, weil andere Klimabedingungen herrschen, denn Nordamerika ist von wesentlich heftigeren Regenfällen heimgesucht, deren zerstörender Angriff auf die Bodenstruktur noch viel stärker ist, als bei uns. Aber es wäre ganz falsch, würde man das Erosionsproblem in Europa als nebensächlich abtun. Die Gefahr besteht hier wie dort und bedarf vorbeugender Maßnahmen.

Jede Hanglage, ja selbst die kleinste Senke, birgt die Möglichkeit der Bodenabtragung durch das hangwärts abfließende Wasser. Man unterscheidet zwei Formen der Erosion: die Flächenerosion und die Furchenerosion. Letztere greift in den Tiefenlinien des Geländes an, in welchen sich das Wasser sammelt und unterwegs tiefe Furchen aufreißt, die auch dem Laien die zerstörende Wirkung des Wassers sichtbar machen. Viel weniger auffällig, aber umso häufiger und größer sind die Schäden der Flächenerosion, indem das Wasser Feinerde von der Oberfläche abschwemmt und in Senken wieder ablagert. Im flachwelligen Gelände entstehen so die bekannten „Lehmkuppen", die bei der Bearbeitung stets Schwierigkeiten machen und auch ein unregelmäßiges Ausreifen des Bestandes verschulden. Besonders fühlbar wird die Flächenerosion, wenn auf den Kuppen bereits der sterile Untergrund zutage tritt. Man trifft oft auf kleinen Flächen unterschiedliche Bodenbeschaffenheit an, ohne sich darüber Gedanken zu machen, dass hier eine schleichende Flächenerosion am Werke ist, die ständig die Arbeit des Landwirtes bedroht.

Eine genauere Untersuchung des Problems zeigt folgendes: Die primäre Ursache der Erosion ist durchaus nicht das hangwärts abfließende Wasser, sondern die Tatsache, dass der Acker das Wasser nicht genügend rasch aufnimmt. Ein garer Boden, dessen Krümelstruktur vom Regen nicht zusammengeschlagen wird und dessen Krume allmählich in den Untergrund übergeht, nimmt den Regen zweifellos rascher auf als eine Krume, die im Regen zusammenbricht und das Wasser staut, so dass dasselbe oberflächlich abrinnen muss. Der Untergrund kann das Wasser um ein Vielfaches rascher aufnehmen, wenn die Sperrschicht der Krumenverdichtung nicht vorhanden ist. Hier liegt also die primäre Ursache der Erosionsgefahr. Sie beginnt bereits mit der „Mikroerosion" im Boden, d. h. damit, dass die einzelnen Krümel nicht genügend wasserbeständig sind und im Regen zerfließen. Die „Makroerosion" setzt erst ein, wenn infolge des Strukturverfalles das Wasser nicht mehr rasch genug aufgenommen und verteilt werden kann. Die tiefere Ursache der Bodenabtragung liegt daher im Gareschwund und ist wie dieser eine Kulturkrankheit des Ackers.

Abb. 12 zeigt einen Rübenschlag, bei dem es zu einer Flächenerosion gekommen ist. Die Rüben sind vollkommen freigelegt und der Boden derart verkrustet, dass umgeackert und neu bestellt werden musste.

Abb. 12
Durch Erosion freigelegte Zuckerrüben

Man kann nun die Erosion symptomatisch bekämpfen, d. h. ihr äußeres Erscheinungsbild beseitigen, indem man das Abfließen am Hang verzögert. Das Ackern quer zum Hang sowie Grasraine und die Anlage von Terrassen sind solche Hilfsmittel, denn sie bremsen den Abfluss und tragen dazu bei, dass mitgeführte Feinerde wieder abgelagert wird. Neben diesen Maßnahmen der defensiven Bekämpfung der Erosion scheint es aber aussichtsreicher, das Übel an der Wurzel zu fassen und die Ursachen der Schäden zu beseitigen, also eine offensive Taktik einzuschlagen. Sie besteht darin, der Ackerkrume eine größere Stabilität zu geben und vor allem den Übergang zwischen Krume und Untergrund offenzuhalten, damit der Acker das Wasser rasch aufnehmen kann. Die Amerikaner müssen angesichts der heftigen Regen alle verfügbaren Mittel der Abwehr ansetzen und die Erosionsgefahr sowohl offensiv als auch defensiv bekämpfen. In Europa kann man noch vorbeugen, und es erscheint richtiger, nicht nur das Erscheinungsbild zu bekämpfen, sondern die Ursachen aus der Welt zu schaffen. Die Pflege der Bodengare muss sich auch auf dieses Gebiet ausdehnen und man kann mit ihrer Hilfe auch der Bodenabtragung Herr werden.

Bisher wurde die Bodenabtragung durch das Wasser gestreift, nicht weniger gefährlich ist aber auch die Winderosion. Allerdings ist sie nicht so häufig verbreitet und hat daher nur lokale Bedeutung. Doch sind auch diese Schäden im Zunehmen begriffen und bringen für die betroffenen Gebiete eine ständige Gefahr im Frühjahr, wenn der aufgefrorene Boden zu losem Pulver zerfallen ist und verweht wird. Die Bodenverwehung bedeutet eine zweifache Gefahr für die jungen Pflanzenbestände. Einmal, weil dieselben durch Abwehung der Krume freigelegt oder durch Anwehung fremden Bodens bedeckt werden. Zum anderen aber bewirken die nichtfliegenden, sondern über die Ackerfläche dahinrollenden, oft scharfkantigen Aggregate eine mechanische Verletzung der jungen Pflanzen. Laboratoriumsuntersuchungen haben nun ergeben, dass nur gareloser Boden beim Auffrieren jene ungünstige Pulverbildung aufweist, die dann Anlass zur Verwehung gibt. Bei ausreichender Lebendverbauung und Humusbildung in der Krume bleibt diese Pulverwirkung aus, sodass alle Aussicht besteht, die Garepflege zur Mithilfe gegen die Schäden der Winderosion heranzuziehen.

Es wurde das mikroskopische Erscheinungsbild des Strukturverfalls dargelegt, um das bessere Verständnis dafür zu erwecken; wie aber präsentiert sich dem Landwirt diese Tatsache? J. GÖRBING war wohl der erste, dem es gelang, mit der Spatenprobe den Verfall am Acker sichtbar zu machen und eine Diagnose über das Krankheitsbild zu stellen. Es wird an einer anderen Stelle über die Methodik berichtet werden; zunächst sollen die Veränderungen am Krumenquerschnitt bei einer unzureichenden Gare- und Humusbildung vom Zeitpunkt der Ackerung bis zur Ernte an einer schematischen Bildreihe (Abb. 13) verfolgt werden.

Im Ausschnitt A ist der frisch gepflügte Boden und der darunterliegende unbearbeitete Untergrund angedeutet. Es wurde eine Pflugfurche von 25 cm

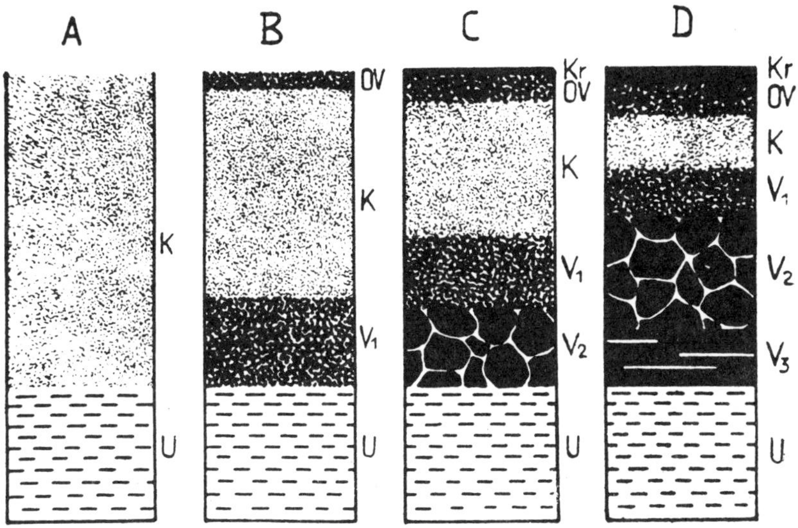

Abb. 13
Der Strukturverfall der Ackerkrume

Tiefe angenommen. Was geschieht nun, wenn die eben hergestellte Krümelstruktur nicht genügend beständig ist? Die verschlammende Wirkung des Wassers greift an zwei Stellen an (Skizze B). Der aufprallende Regen hat eine Oberflächenverdichtung (OV) erzeugt, indem er die Krümel zerschlug und verschlammte. Daneben aber erfolgte auch ein Angriff auf die Krümelstruktur an der Bearbeitungsgrenze. Da die Wasserdurchlässigkeit zwischen Krume und Untergrund verschieden ist, kommt es an dieser Stelle leicht zu einer Wasserstauung. Die aufgeweichten Krümel brechen unter der Last der darüber liegenden Krume zusammen, es entstehen erst einige Verdichtungsherde, die sich in der Folge zu einer zusammenhängenden Krumenverdichtung schließen (V_1). Aber nicht nur die Mächtigkeit, sondern auch der Verdichtungsgrad nimmt zu (C und D). War sie erst bröckelig und kleinschollig, so wird sie mit zunehmender Be- und Entfeuchtung grobschollig (V_2) und plattig (V_3). Am Ende bleibt von der 25 cm tief angelegten Furche nur ein 5 cm tiefer krümeliger Anteil. Die einzelnen Stadien der Verdichtung sind von der Furchensohle aufwärts stockwerkartig aufgebaut, wobei die zu unterst liegenden der größten Belastung ausgesetzt sind und dort die Verdichtung am weitesten fortgeschritten ist.

Durch die rasche Austrocknung an der Oberfläche wird die Krustenbildung (Kr) gefördert, die den Luftaustausch und damit die Atmungsprozesse im Boden gefährdet. Sie führt einerseits zu einer oberflächlichen Stauung des Regenwassers, anderseits fördert sie nutzlose Verdunstungsverluste. Die von der Furchensohle ausgehende Krumenverdichtung sperrt zunächst die Wasser- und Luftzirkulation zwischen Krume und Untergrund. Mit fortschreitender Verdichtung ergibt sich auch eine zunehmende Krumenvernässung, bei Trockenheit wieder ist keine Wasserzufuhr aus den Reserven des Untergrundes zu erwarten. Solche Äcker sind sowohl gegen Nässe, als auch gegen Dürre besonders anfällig.

Es liegt also zur Zeit der Ernte die bearbeitete Krume wesentlich dichter, als der unbearbeitete Untergrund. Die Mikroaufnahmen (Abb. 14) lassen erkennen, wie porös der unbearbeitete Untergrund, und wie dicht geschlämmt die Krume des gleichen Bodens sein kann.

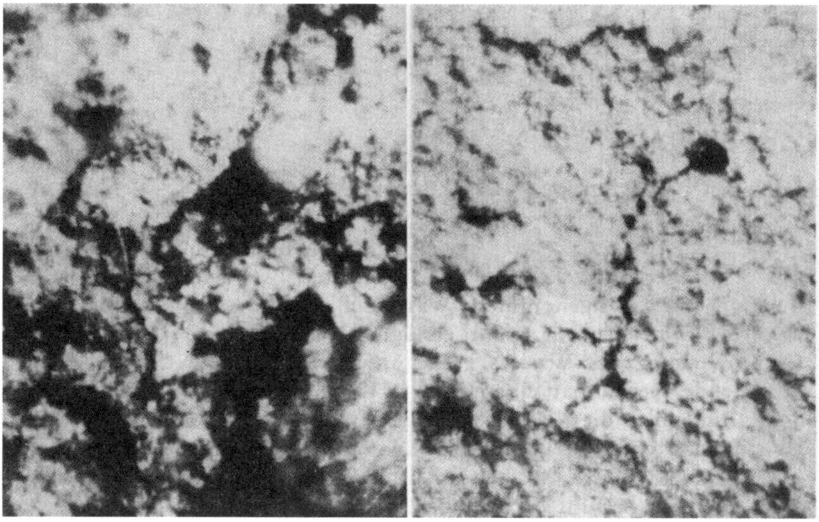

Abb. 14
Der Untergrund (links) ist poröser als die Krumenverdichtung (rechts)

In hunderten Fällen wurde am Acker das Fortschreiten des Strukturverfalls verfolgt und die Krankheitsgeschichte dieser Böden aufgezeichnet. In Abb. 15 wird an einigen tief geackerten Rübenschlägen gezeigt, wie die Krume zusammenbricht. Während die Oberflächenverdichtung immer wieder aufgerissen wird, wächst die Krumenverdichtung im Inneren des Ackers unaufhaltsam weiter, in einem Fall mehr, im anderen weniger. In schweren Fällen kommt es schließlich dazu, dass die ganze Krume geschlossen daliegt.

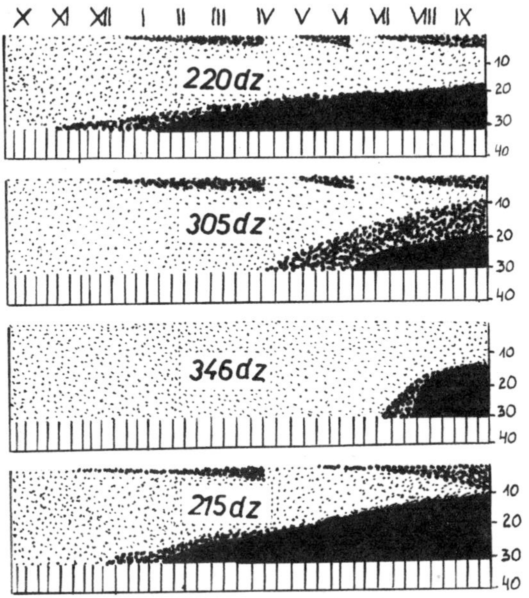

Abb. 15
Der Strukturverfall in tiefgeackerten Rübenfeldern

Skizze A: 30 cm tiefe Ackerung erzeugt eine befriedigende Krume. Ihr Verfall beginnt bereits im Dezember. Während sich eine OV ausbildet, die später durch die Pflegearbeit wieder aufgelockert wird, sich aber immer wieder bildet, entstehen im unteren Teil der Krume Verdichtungsherde, die sich zu einer V_2 schließen. Die Krumenverdichtung wächst ständig an und erreicht im September eine Ausdehnung in der Schicht von 20 – 30 cm. Von der 30 cm tief angelegten Krume bleibt nur der Bereich von 4 – 20 cm krümelig.

Skizze B: Im Wesentlichen der gleiche Vorgang, nur setzt der Verfall der Ackerkrume erst im April ein.

Skizze C: Der Krumenquerschnitt bleibt bis Ende Juni ungestört, verfällt dann aber sehr rasch, sodass von der 30 cm tief vorbereiteten Krume bloß 13 cm noch krümelig verbleiben.

Skizze D: Der Strukturverfall setzt bereits im Herbst ein. Die zunächst entstehenden Verdichtungsherde schließen sich im Jänner zu einer V_1, die im April zu einer V_2 übergeht. Letztere wächst im Frühsommer ständig an und vereinigt sich im August mit der OV, sodass schließlich eine vollkommen geschlossene Krume entsteht.

Der Unterschied liegt im Zeitpunkt, zu welchem der Strukturverfall einsetzt. Für die Ertragsbildung ist dieser Moment entscheidend, denn je später der Verfall erfolgt, umso höhere Ernten können trotz der aufkommenden Verdichtung erzielt werden. So betrugen die Zuckerrübenerträge der in Abb. 15 skizzierten Schläge:

Fall A .... 220 dz/ha
Fall B.. 305 dz/ha
Fall C .... 346 dz/ha
Fall D .... 215 dz/ha

Krumenverdichtungen, die bereits im Winter oder zeitlichen Frühjahr entstehen, verzögern infolge der Wasserstauung das Abtrocknen der Krume und stören vom Anfang an die Wurzelanlage der jungen Pflanze. Bildet sich die Krumenverdichtung erst während der Vegetationszeit, sodass die Wurzelanlage noch ungestört ist, dann wird allenfalls das Dickenwachstum der Rübe beeinflusst. Es bedeutet also einen wesentlichen Fortschritt, wenn der Strukturverfall verzögert werden kann.

In Abb. 16 wird der Krankheitsverlauf unter Halmfruchtbeständen gezeigt. Die Dinge liegen hier insofern etwas anders, als die weniger tiefe Saatfurche in der Regel den unteren Teil der Krume stehen lässt, die sich unter den vorangegangenen Beständen ausgeprägt hat. Das ist ein großer Nachteil, weil die Halmfruchtkrume von allem Anfang an durch eine Sperrschicht vom Wasserspeicher des Untergrundes abgeschnitten ist.

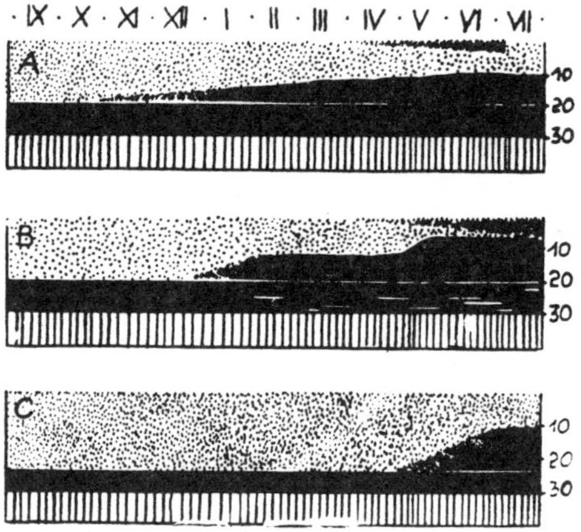

Abb. 16
Der Strukturverfall in Halmfruchtschlägen

Skizze A: Die 20 cm tiefe Saatfurche ließ in 20 – 30cm einen Rest der vorjährigen V_2 liegen, so dass die neu angelegte Krume nicht mehr die Verbindung zum Untergrund hat. Bereits Anfang November beginnt die Neubildung einer Krumenverdichtung, die ständig anwächst, sodass im Mai eine Mächtigkeit von 10 – 30 cm erreicht wird. Hiervon ist der Bereich 10 – 20 cm neugebildet, der Bereich 20 – 30 cm vom Vorjahr erhalten geblieben.

Skizze B: Der Strukturverfall setzte später, dafür umso heftiger ein. Im Juni schloss sich die Oberflächenverdichtung und die Krumenverdichtung zu einer einheitlichen Masse. Der vom Vorjahr in 20 – 30 cm erhaltene V_2-Rest verwandelte sich gegen Ende des Winters in eine V_3.

Skizze C: Bis Ende Juni blieb der Krumenquerschnitt ohne Störung. Dann entstand unvermittelt eine V_1 im Bereich 10 – 23 cm, die sehr bald in eine V_2 überging.

Wann der Strukturverfall der Krume beginnt und wie rasch er dann fortschreitet, hängt von verschiedenen Faktoren ab. Anhaltende Regenperioden im Herbst, zu einer Zeit also, wo die Krume noch nicht genügend verbaut ist, wie auch im Spätherbst oder gar Winter ausgeführte Saatfurchen, begünstigen einen frühzeitigen Zusammenbrach der Krume. Schlechte Lebensbedingungen für die Mikroorganismen, das ist einerseits ein zu geringes Nahrungsangebot, anderseits mangelnde Bodenbedeckung zu ihrem Schutz, hemmen ebenfalls ihre Tätigkeit und bedingen den Verfall der Struktur.

Die Regenfälle können nicht beeinflusst werden, wohl aber der Zeitpunkt der Ackerung und die Pflege der Bodenorganismen. Da die Pflanzen immer Wurzelteile abstoßen, ist mit einer garebildenden Nachwirkung der Vorfrucht und mit einer garebildenden Wirkung der stehenden Frucht zu rechnen. Fällt zu wenig Wurzelmasse an oder ist die Lücke zwischen Ernte der ersteren und Wachstum der letzteren zu groß, dann tritt ein Nahrungsmangel bei den Mikroorganismen ein und es kommt zu den oben beschriebenen Erscheinungen.

Bekanntlich wirkt die Einsaat von Leguminosen in die Halmfrucht sehr günstig. Aus diesem Grund wurde der Strukturverfall unter Gerste mit und ohne Kleeinsaat verfolgt (Abb. 17).

Skizze A: Ohne Kleeinsaat. Die 20 cm tiefe Saatfurche ließ in 20 – 25 cm Tiefe einen Rest der vorjährigen, unter Zuckerrübe entstandenen Verdich-

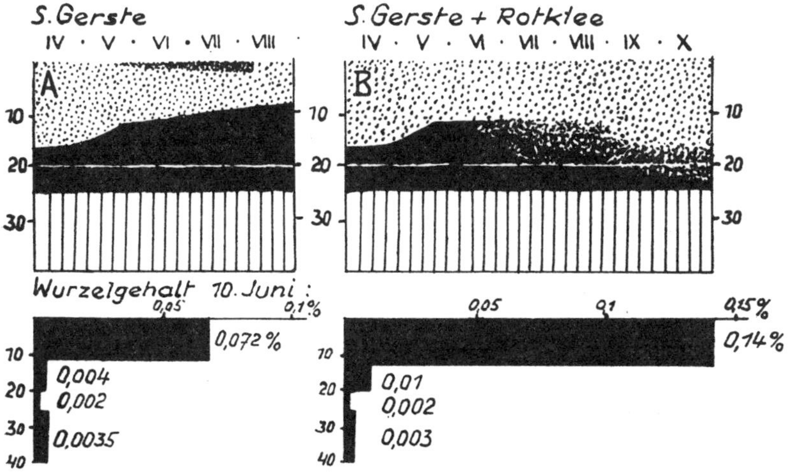

Abb. 17
Kleeinsaat mürbt die Krumenverdichtung auf

tung stehen. Bis zum April hatte sich wieder eine neue Verdichtung angesetzt, die im Mai sehr rasch nach oben anwuchs, sodass zur Ernte nur mehr die oberen 8 cm krümelig waren.

Skizze B: Mit Kleeinsaat. Bis Mitte Juni war der Verfall im gleichen Ausmaß fortgeschritten, wie im Fall A. Im Juli war aber eine deutliche Aufmürbung der bereits entstandenen Krumenverdichtung zu erkennen; sie löste sich in einzelne lockere Verdichtungsherde auf. Zur Zeit der Ernte war eine 15 – 17 cm krümelige Oberkrume vorhanden, also wesentlich mehr als unter dem Reinbestand der Gerste. In den folgenden Monaten mürbten die Kleewurzeln die unteren Bodenschichten noch mehr auf und drangen auch in die verdichtete Schicht vom Vorjahr. Im November war der Wasser- und Luftaustausch mit dem Untergrund wieder möglich.

Die Ermittlung des Wurzelgehaltes der einzelnen Krumenschichten ließ zweierlei erkennen. Einmal, wie empfindlich die Wurzel auf die Bodenverdichtung reagiert, und wie scharf die Durchwurzelung der Krume mit der Krumenverdichtung abschneidet. Andererseits wird die Förderung der Wurzelproduktion durch die Kleeinsaat sichtbar.

Der Klee entfaltet eine sehr bedeutende Garebildung, die auch noch im nächsten Nutzungsjahr anhält, wenn der Bestand genügend geschlossen ist. Noch schneller als der Klee, der wegen seines langsamen Jugendwachstums länger braucht, um seine Wirkung zu entfalten, zeigt die raschwüchsige Wicke den Erfolg. Eine Untersuchung von Roggenreinbestand und Wickroggen ergab, dass im reinen Roggen bereits die Neubildung einer V_2 in der 20 cm tiefen Saatfurche zu erkennen war, die weiterhin stetig anwuchs. Im Wickroggen hingegen entwickelte sich eine kaum 4 cm mächtige V_1. Hinzu kommt, dass unter der Reinsaat ab Juni eine Oberflächenverdichtung entstand, während unter dem Gemenge die Ackeroberfläche ständig offen blieb. Zur Zeit der Ernte verfügte der Roggen über eine aktive Krumentiefe von kaum 10 cm, während unter dem Gemenge 17 cm krümeliger Boden erhalten blieb. Die Ausspülung der Wurzelmasse Ende Mai ergab einen sprunghaften Abfall der Durchwurzelung in der Krumenverdichtung. Durch die Beisaat von Wicke stieg der Wurzelgehalt von 0,14 auf 0,22%. Daraus kann man schließen, dass die Roggenwurzel durch die Nachbarschaft der Wicke stark gefördert wurde.

Im Wesentlichen kennzeichnet sich also das Krankheitsbild des Gareschwundes durch den fortschreitenden Verfall der vom Pflug vorbereiteten Ackerkrume. Während viele Mühen aufgewendet werden, ein optimales Keimbeet zu schaffen, um den Wurzeln das Vordringen in den Untergrund zu erleichtern, erlebt man alljährlich die große Enttäuschung, dass während der Vegetationszeit zwischen der Krume und dem Untergrund eine Sperrschicht entsteht und der Anteil krümeligen Bodens in der Oberkrume immer geringer wird. Zurzeit, da die Pflanze am dringendsten Nährstoffe und Wasser braucht, ist ihr Wurzelraum mehr oder weniger stark eingeengt.

Die Entwicklung der Pflanze im garen und garelosen Acker

Alle Maßnahmen am Acker, sei es Bearbeitung, Düngung, Fruchtfolge, werden im Hinblick auf einen gesunden, ertragsicheren Pflanzenbestand vorgenommen. Verliert aber die Bodenstruktur ihre Beständigkeit, dann können alle anderen Aufwendungen nicht zur Geltung kommen.

Für die Pflanze bedeutet eine Krumenverdichtung einen gewaltigen Einschnitt in ihrer Entwicklungsmöglichkeit. Schon durch den herrschenden Luftmangel ist sie in ihrer Ausbildung gehemmt. Der aktive Wurzelraum ist auf die noch krümelnde Oberkrume eingeschränkt. Jene Nährstoffvorräte, die im Bereich der Krumenverdichtung liegen, können nicht mehr genutzt werden und steigende Düngergaben sind notwendig, um die Nährstoffansprüche zu befriedigen. Vor allem aber ist die Pflanze durch die aufkommende Sperrschicht von den Wasservorräten im Untergrund abgeschnitten und der sommerlichen Dürre preisgegeben. Anderseits bringt jeder stärkere Regen eine Wasserstauung über der Krumenverdichtung, das bedeutet eine Vernässung der Krume. Die Pflanze steht also bald zu nass, bald zu trocken und wird durch die Unausgeglichenheit ihres Wasserhaushaltes in ihrer natürlichen Abwehrkraft so geschwächt, dass sie gegen Krankheits- und Schädlingsbefall besonders empfindlich wird.

Wie deutlich die Pflanze auf die Strukturstörungen reagiert, kann man an ihrer Wurzel ablesen. Die Pflanze spricht! Ihre Wurzel ist das Spiegelbild des Bodens und sie zeigt jede Störung, die ihr vom Boden aufgezwungen wird. Auch das ist für den Praktiker wichtig, denn die Pflanzenwurzel legt ein klares Zeugnis über die Fehler bei der Bestellung und über den Zustand des Bodens ab.

Bei den Halmfrüchten wird die Form der Wurzelanlage vornehmlich durch die Oberflächenverdichtung und deren Mächtigkeit bestimmt. Es wurde immer wieder beobachtet, dass im garen Boden eine normale Anlage der Keim-, Kronen- und Adventivwurzeln erfolgt. Die Wurzeln können sich dann büschelförmig, breitausladend entwickeln. Ist der Boden im Anfang gar und bildet sich später eine Oberflächenverdichtung, dann sind wohl Keim- und Kronenwurzeln normal angelegt, doch die Adventivwurzeln stoßen steil in die Tiefe vor. Findet die Pflanze von allem Anfang an ein ungares Keimbeet, dann streben alle Wurzeln senkrecht in die Tiefe. Für die Getreidewurzel ist die Art der Wurzelbildung entscheidend. Während die breit ausgreifenden Wurzeln auch die Reihenzwischenräume durchziehen und die Nährstoffvorräte des Bodens nutzen, bleiben bei der steilen Wurzelanlage die Reihenzwischenräume undurchwurzelt. Das bedeutet Verschwendung der Düngung einerseits und eine Verschärfung des Gareschwundes anderseits, weil beträchtliche Teile des Krumenbodens ohne Bakterienfutter in die nächste Vegetationsperiode kommen, wodurch die Lebendverbauung und Humusneubildung solcher Böden in Frage gestellt ist.

Wie reagieren die Pfahlwurzler auf Strukturstörungen? Besonders anschaulich ist das Wurzelbild der Zuckerrube, weil sich hier sowohl das Längen- als auch das Dickenwachstum ganz dem Strukturaufbau der Krume anpasst. Noch in der Zuckerfabrik kann man erkennen, wie es um die Rübenäcker der Lieferanten bestellt war. In Abb. 18 sind die verschiedenen Entwicklungsformen der Zuckerrübe skizziert.

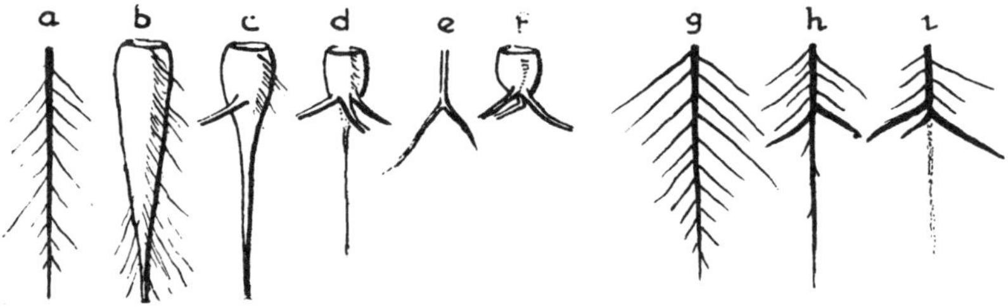

Abb. 18
Einfluss der Krumenverdichtung auf die Pfahlwurzler

a) In der ungestörten Krume entwickelt sich eine gerade, mit zahlreichen Seitenwurzeln ausgestattete Pfahlwurzel.
b) Kommt es in der Krume zu keinen Strukturstörungen, dann führt das Dickenwachstum zu einem spindelförmigen Rübenkörper, aus dessen Wurzelrinne zahlreiche, feine Seitenwurzeln nach allen Seiten ausstrahlen. Vor allem ist die Spitzenzone reich mit Wurzelfasern besetzt. Diese optimale Rübenform kennzeichnet den garen Rübenacker.
c) Infolge einer mächtigen Krumenverdichtung bleibt in deren Bereich das Dickenwachstum gehemmt (hohlbackige Rübe). Eine verstärkte Seitenwurzel zeigt in der Regel sehr verlässlich an, in welcher Tiefe die Hemmung beginnt.
d) Wird der Luftmangel in der Krumenverdichtung sehr arg, dann stirbt die Pfahlwurzel schließlich ab. Ihre Funktionen werden von einigen Seitenwurzeln übernommen, mit welchen die Rübe auf der Krumenverdichtung aufsitzt. Solche „verwurzelte Rüben" entstehen also auch dann, wenn im Jugendstadium die Rübenanlage vollkommen normal war und die Hemmung erst während der Entwicklung auftritt.
e) Diese junge Rübenwurzel ist bereits in ihrer Jugendanlage durch eine Krumenverdichtung gestört; sie gabelt sich dort, wo die Hemmung beginnt.
f) Im weiteren Verlauf entwickelt sich aus dieser gestörten Wurzelanlage eine „verwurzelte“ oder „beinige“ Rübe.

Ähnlich reagieren die übrigen Pfahlwurzler (Raps, Pferdebohne, Lupine usw.) auf den Strukturzustand des Bodens und in Bild g, h, i sind die auftretenden Formen skizziert.

g) Im gesunden Boden entwickelt sich eine gestreckte Pfahlwurzel, an der die Seitenwurzeln nach der Tiefe allmählich abnehmen.
h) Bei mäßiger Verdichtung der Unterkrume bleibt die Pfahlwurzel noch intakt. Die Seitenwurzeln aber sterben sehr rasch ab und ein oder zwei verstärkte Seitenwurzeln kennzeichnen wieder die Tiefe, in der die Hemmung beginnt.
i) Bei starker Verdichtung der Unterkrume stirbt die Pfahlwurzel ab und die Pflanze sitzt mit einigen verstärkten Seitenwurzeln auf der Krumenverdichtung auf.

Eine weitere Erhärtung der schematischen Zeichnungen sind die Aufnahmen von freigelegten Raps- und Kartoffelkrumenquerschnitten (Abb. 19 und 20).

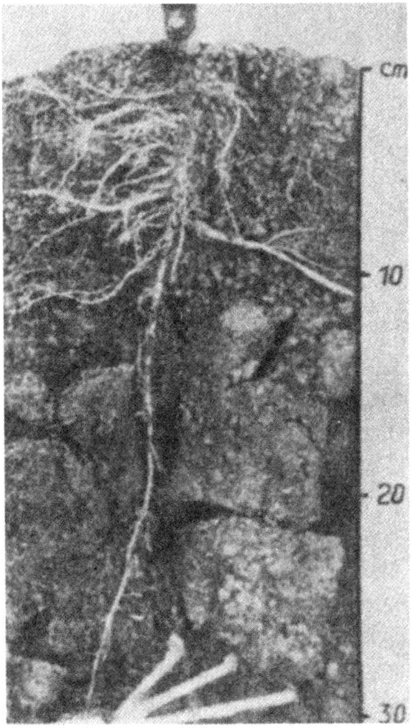

Abb. 19
Gestörter Krumenquerschnitt, gestörte Rapswurzel

Die Rapswurzel konnte in der Jugend noch ungehindert in die Tiefe vorstoßen; die später auftretende Krumenverdichtung brachte jedoch die Seitenwurzeln zum Absterben.

Sehr aufschlussreich ist das Wurzelbild der Kartoffel, Wurzeln und Knollen sind auf die lockere Oberkrume beschränkt. Die Krumenverdichtung beteiligt sich nicht an der Produktion, sondern stört dieselbe, weil sie keine Wasserführung erlaubt.

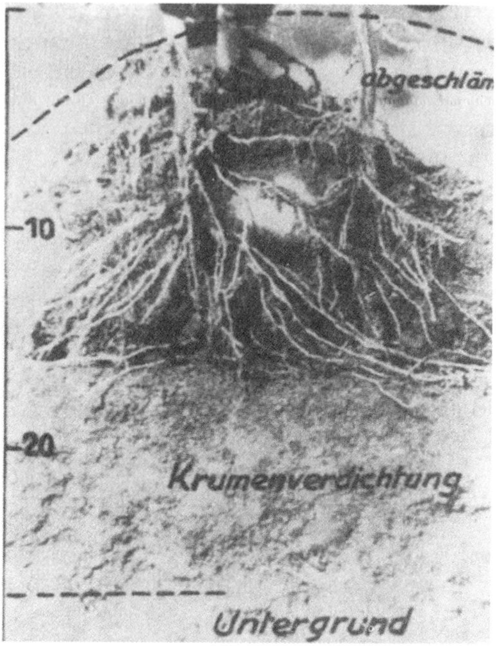

Abb. 20
Kartoffeldamm: Wurzeln und Knollen auf die lockere Oberkrume beschränkt

All diese Dinge kann jeder Landwirt auf seinem eigenen Feld beobachten und sehr viel daraus lernen. Man braucht nur einen Spaten mitzunehmen und hie und da den Boden aufbrechen. **Der Spaten macht den Landwirt zum Hausarzt seines Bodens,** denn was man an einem einfachen Spatenausstich sehen und lernen kann, ist oft mehr, als komplizierte Untersuchungen im Laboratorium auszusagen vermögen. Man sieht den Krumenquerschnitt und die darin gewachsene Wurzel - und die Bodenstruktur spiegelt sich in der Wurzel wider.

Kaum ein Landwirt steht gleichgültig vor dem Spatenausstich seines Ackers und schon viele haben versichert, dass der Boden ihnen erst durch diese Methode verständlich geworden sei und sie nicht mehr auf Zufälligkeiten angewiesen seien. – Wie ernst man den Verfall der Bodenstruktur nehmen muss, geht aus Abb. 21 hervor, die den Zusammenhang zwischen Garezustand des Bodens und dem Ernteertrag vermittelt.

Von der Erfahrung ausgehend, dass für die Ertragsbildung der Zuckerrübe der Bodenzustand im August, beim Weizen die Monate Mai und Juni, entscheidend ist, wurden die Ergebnisse festgehalten und eine mittlere Ertragskurve gezeichnet. Man mag gegen ein solches statistisches Verfahren Bedenken äußern, denn der Ertrag wird sicher nicht allein durch den Strukturzustand entschieden. Die beträchtliche Streuung der

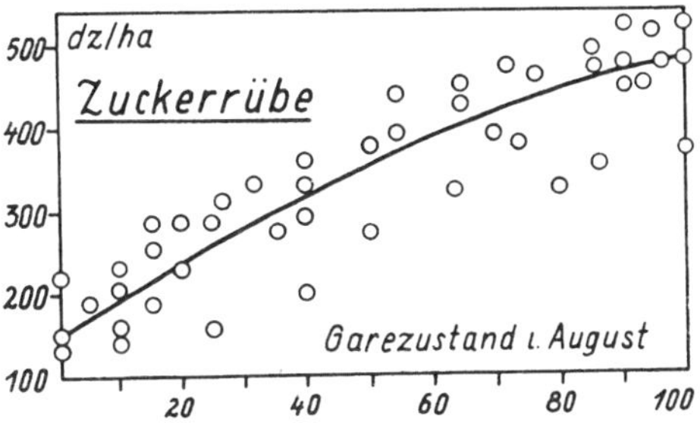

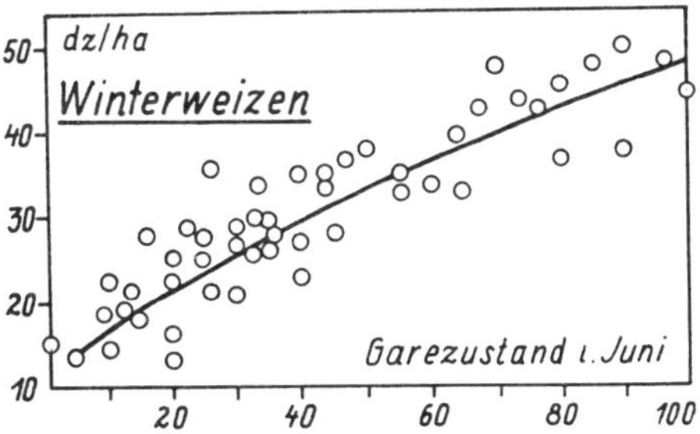

Abb. 21
Garezustand und Ernteertrag

Einzelwerte beweist dies, aber allein die Tatsache, dass trotz verschiedener Düngung, unterschiedlicher Regenverteilung und trotz der ungleichen Pflegemaßnahmen eine so deutliche Abhängigkeit der Ernten vom Strukturzustand des Bodens in Erscheinung tritt, beweist dessen entscheidende Bedeutung. Die Ertragskurve beweist zugleich, dass die Durchschnittserträge am Acker noch weiter gesteigert werden können, wenn es gelingt, den Gareschwund zu heilen und ihm künftighin vorzubeugen. Man behaupte nicht, dass dies nur für gewisse Böden gelte. Leichte Böden werden vom Gareschwund ebenso befallen wie schwere. Wohl geht der Verfall bei dem einen Acker schneller, bei dem anderen langsamer, aber hier wie dort handelt es sich um Krankheitserscheinungen, die von Jahr zu Jahr fortschreiten und sich verschärfen. Und ebenso ist es mit der Heilung. Manche Böden reagieren gleich auf Gesundungsmaßnahmen, andere wieder bedürfen vieler Mühen, um die entstandenen Schäden wieder auszumerzen. Viele Betriebe können mit gesteigertem Aufwand an Kraft und Düngung die Schäden noch niederhalten und hohe Erträge erzielen, aber diese Erträge gehen auf Kosten der Produktivität, und das liegt wohl nicht im Sinne einer geordneten Bodenwirtschaft.

Die Heilung des Gareschwundes

In den vorigen Kapiteln wurde dargelegt, dass der Gareschwund eine mangelhafte Stabilität der Bodenstruktur ist, der durch unzureichende Lebendverbauung und Humusbildung hervorgerufen und in deren Folge der Boden verschlämmt und verdichtet wird. Die Heilung des Gareschwundes umfasst daher zwei Aufgaben:

1. Die störende Krumenverdichtung muss mechanisch aufgebrochen werden, um die Verbindung mit dem Untergrund zu öffnen.

2. Der eben gelockerte Boden muss mit neuem Leben erfüllt und garefähig gemacht, d. h. mit „Bakterienfutter" versorgt werden, damit die Lebendverbauung und Humusbildung stattfinden kann und die vom Pflug erzeugte Krümelstruktur stabil wird.

Die Heilung des Gareschwundes umschließt daher eine technische und eine biologische Aufgabe. Ersteres wird durch richtiges Pflügen gelöst. Den zweiten Teil der Aufgabe muss die Pflanze bestreiten. Es kommt darauf an, den eben gelockerten Boden rasch und dicht zu durchwurzeln.

Man hat sich bis jetzt über die Pflanzenwurzel nur insoweit Gedanken gemacht, als sie die Verankerung der Pflanze im Boden darstellt und ihr die Aufgabe zufällt, die Nährstoffe aufzunehmen und in die oberirdischen Teile weiterzuleiten. Dabei wurde nicht beachtet, dass die alljährlich anfallende Wurzelmasse die Nahrungsration für die Bodenorganismen darstellt. Man glaubte die Bodenorganismen ausreichend zu versorgen, wenn man eine geregelte Stallmistwirtschaft betrieb. Aber das sind nur ergänzende Vorkehrungen zur Ernährungssicherung des Bodenlebens. Das Schwergewicht liegt auf der ständig fließenden Produktion von Pflanzenwurzeln, die nach der Erfüllung ihrer Lebensfunktion absterben und als „Bakterienfutter“ anfallen. Man darf auch nicht bloß die Wurzelrückstände sehen, die nach der Ernte im Acker zurückbleiben, sondern man muss bedenken, dass jede Pflanze ständig Wurzeln abstößt, in dem Maße, als sich neue bilden. Es wird also ständig Bakterienfutter erzeugt und in feinster Verteilung im Boden deponiert. Wie groß die von der Natur beigestellte Nahrungsration der Bodenorganismen tatsächlich ist, weiß man noch gar nicht. Was an zurückbleibenden Wurzelrückständen nach der Ernte im Boden verbleibt, ist jedenfalls nur ein Rest der tatsächlich produzierten Menge.

Stirbt ein Wurzelhaar, dann wird es sofort von Mikroorganismen besiedelt und aufgezehrt (Abb. 22). Der Wurzelkanal wird verbaut und mit Humustapeten ausgekleidet, dadurch bleibt er als Wasser- und Luftkanal im Boden erhalten.

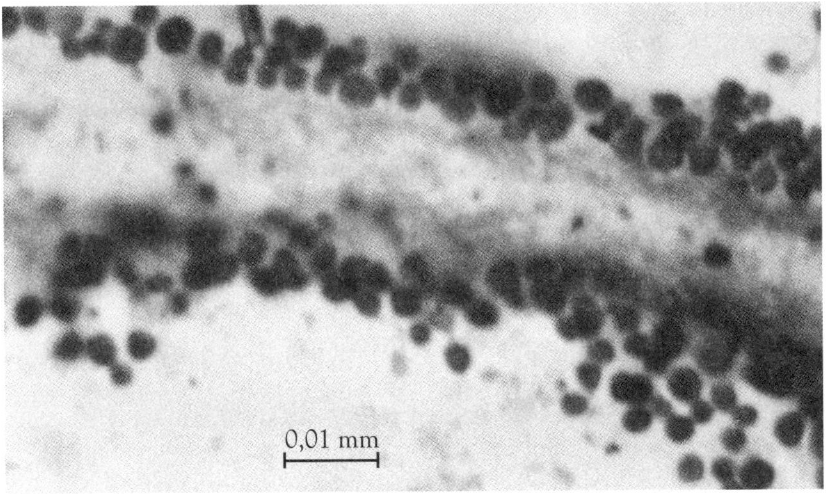

Abb. 22
Bakterien bauen ein Wurzelhaar ab

Fällt zu wenig Wurzelmasse an, dann bleibt der Boden organismenarm, die Lebendverbauung und Humusbildung ist mangelhaft und Verschlämmungen und Verdichtungen werden immer ausgeprägter. Die Gründe dafür sind:

1. Die Fruchtfolgen produzieren zu wenig Wurzelmasse. Eine ausreichende Ernährung der Bodenorganismen ist nicht gesichert. Die langen Vegetationspausen bedeuten auf alle Fälle eine empfindliche Ernährungslücke.
2. Vielfach falsche Ackerung, d. h. die dicht durchwurzelte Oberkrume wird mit der undurchwurzelten Unterkrume vermischt und verdünnt. Dadurch wird die an und für sich schon geringe Ration an Bakterienfutter Jahr für Jahr noch weiter verkleinert.
3. Ein ungünstiger Kalkzustand oder geringer Nährstoffgehalt, weil damit nicht nur geringe Ernten erzielt werden, sondern auch eine gehemmte Wurzelproduktion die Folge ist.

Die Fruchtfolgen, namentlich in den Intensivgebieten, produzieren zu wenig Organismenfutter in Form von Wurzelrückständen und auch mit dem Stallmist kann diese Knappheit nicht überwunden werden. Zusätzlich bedeuten die langen Vegetationspausen eine Periode des Hungers und der Schutzlosigkeit für das Leben im Boden. Hunger, weil keine Wurzelmasse produziert wird und Schutzlosigkeit, weil die notwendige Pflanzendecke fehlt, um das ausgeglichene Bodenklima zu erhalten, das die Bodenorganismen zu ihrem Gedeihen brauchen. So wird also das Bodenleben Jahr für Jahr dezimiert und es kommt zu jener Entsozialisierung der Lebensgemeinschaft, durch die heute so viele Äcker gekennzeichnet sind und die den fortschreitenden Gare- und Humusschwund verursachen. Diese Erkenntnis diktiert aber bereits, was zu tun ist und wo der Hebel angesetzt werden muss: Die Vegetationspausen müssen verschwinden, weil sie widernatürlich sind und an ihre Stelle müssen Pflanzendecken gesetzt werden.

Wo die klimatischen Verhältnisse gegeben sind und für den Stall dringend Futter gebraucht wird, ist die Möglichkeit des Zwischenfruchtbaues gegeben. Da die Futterbestände den Boden gut beschatten und das Feld in der Vollkraft ihres Lebens räumen, hinterlassen sie einen Boden, der mit hochwertigem Organismenfutter versorgt ist. Auf dieser Tatsache beruht der gute Vorfruchtwert der Futterpflanzen in der Fruchtfolge. – Leider sind aber dem Zwischenfruchtfutterbau vielfach klimatische und betriebswirtschaftliche Grenzen gezogen, so dass vor allem für die Trockengebiete mit geringer Viehhaltung nach einem anderen Weg gesucht werden musste, um die Vegetationspausen zu überbrücken. Es handelt sich darum, eine niedere, wassersparende Gründecke zu erzeugen, die den Boden gerade deckt und möglichst viel Wurzelmasse produziert. Diese Garedecke muss drei Aufgaben erfüllen: Eine Bodenbedeckung liefern, Wurzelmasse erzeugen und Abwechslung in die oft eintönige Fruchtfolge bringen. Es gibt einige Möglichkeiten und verschiedene Variationen Grün- oder Garedecken anzulegen:

a) Die Rapsdecke: Ihr Prinzip besteht darin, durch eine möglichst dichte Aussaat (20 kg Raps oder Rübsen je Hektar) die Entwicklung des Blattes zurückzuhalten und den Boden dicht zu durchwurzeln. Phosphor- und Kalidüngung auf die Rapsdecke gegeben wirkt günstig, weil namentlich durch die erstere das Wurzelwachstum angeregt wird. Hingegen ist die Stickstoffdüngung dabei nicht am Platze. Der Stickstoff fördert das Höhenwachstum und bildet die Pfahlwurzel stark aus. Beides ist im Falle einer Gründecke nicht erwünscht, sondern es wird angestrebt, die Entwicklung der Einzelpflanze zurückzuhalten, dafür aber einen üppig geschlossenen, niederen Pflanzenteppich zu bekommen, der den Boden mit einem dichten, aber außerordentlich feinen Wurzelfilz durchdringt.

In der Regel wird die Rapsdecke im Herbst umgebrochen, da im Frühjahr der Bestand vielfach zu üppig wird und der Wasserverbrauch dann leicht den Aufgang der Hauptfrucht stört. Aber es ist durchaus möglich, sie auch über Winter stehen zu lassen. Infolge des beengten Standraumes friert sie meist aus und kann im März, Anfang April, mit der Scheibenegge umgebrochen werden. Es ist vorteilhaft – dieses Verfahren wird namentlich gerne vor Hackfrüchten angewendet – vor dem Umbruch auf die Rapsdecke einen dünnen Stallmistschleier zu breiten (100 dz/ha) und damit mehr und verschiedenartigere Organismennahrung in den Boden zu bringen.

Rapsdecken sind so raschwüchsig, dass sie ohne Schwierigkeiten immer in die Fruchtfolge eingereiht werden können. Ja selbst zwischen Sommerung und Winterung finden sie noch genügend Zeit sich zu entwickeln, wenn nach der Aberntung sofort ihre Anlage erfolgt. Es gibt kaum eine einfachere und wirksamere Maßnahme der Bodenbelebung als die Rapsdecke, jedoch müssen auch hier gewisse Grundbedingungen erfüllt werden.

Die erste und wichtigste Forderung: Der Raps braucht mindestens 15 cm lockeren Boden, damit die Wurzeln genügend Triebkraft erhalten und die Verdichtungen aufmürben können. Bei seichter Schälfurche bleiben die Wurzeln meist in der Oberkrume stecken, die Unterkrume trocknet dann aus, ohne aufgemürbt zu werden. Eine schollige Saatfurche und schlechter Aufgang der folgenden Saat sind die Ergebnisse einer unzureichenden Krumentiefe. Solche falsch angelegte Rapsdecken erwecken nachher die ganz irrige Kritik, dass sie der Folgefrucht das letzte Wasser wegnehmen! Eine richtig angelegte Rapsdecke erzeugt einen so garen Boden, dass selbst in extrem regenarmen Herbsten der Aufgang der nachfolgenden Winterung gesichert ist (Niederösterreich 1953 und 1956!).

Zweifellos ist die Vorbereitung der Rapsdecke mit dem Schälwühlpflug ein sicherer Weg und man muss zu diesem Gerät greifen, wenn die Spatenprobe die Notwendigkeit einer tiefen Lockerung ergibt. Es hat sich aber gezeigt, dass in den meisten Fällen eine 15 – 20 cm tiefe Schälfurche genügt und man damit sehr gute Erfolge erzielt hat; damit ist bewiesen, dass es auch einfacher geht. Man muss allerdings beim Umbrechen der Rapsdecke erneut mit dem Spaten prüfen, ob tatsächlich die ganze Krumentiefe aufgemürbt wurde, oder ob noch ein Rest der Krumenverdichtung stehen geblieben ist. Im letzten Fall soll die Einbringung der Rapsdecke mit dem Schälwühlpflug vorgenommen werden, um den Übergang zwischen Krume und Untergrund zu öffnen, ohne die gare Krume durch ein zu tiefes Wenden zu vergraben.

Die zweite Forderung lautet: Die Rapsdecke darf nicht in eine schollige Furche gebaut werden, denn das feinkörnige Saatgut verlangt ein feines Saatbeet, wenn nötig muss eine Walze verwendet werden.

Die dritte Forderung ist eigentlich eine Selbstverständlichkeit: Der sofortige Stoppelsturz nach der Ernte. Diese Notwendigkeit kann nur bei genügend Zugkraft eingehalten werden. Man bedenke, dass der Mähdrescher die Ernte um zwei Wochen gegenüber dem üblichen Schnitt hinausschiebt und nachher sich die Arbeit drängt. Wenn aber aus diesem Grund der Stoppelsturz hinausgezogen wird und die Äcker austrocknen, dann bedeutet das nicht weniger als den völligen Verzicht auf weitere Dispositionen. Man muss dann verzweifelt warten, bis es regnet und zwingt sich schließlich zu unsauberen Ackerungen und verliert im nächstjährigen Ernteausfall das, was man mit dem Mähdrescher verdient hat.

In Abb. 23 und 24 wird der Bestand und die Aufmürbung einer sechs Wochen alten Rapsdecke gezeigt. Deutlich ist die gute Bodenbedeckung, die dichte Durchwurzelung und die Aufmürbung der Schollen zu ersehen, die in der kurzen Zeit geleistet wurde.

Abb. 23
Bestand einer 6 Wochen alten Rapsdecke

Abb. 24
Aufmürbung der Rapsdecke als Zwischenfrucht

Der Aufbruch zeigt, wie die vom Pflug gelockerte Krume dicht von Wurzeln umsponnen ist, während einzelne Wurzelstränge in dieser kurzen Zeit bereits einen Tiefgang von 60 cm und mehr erreichen. Es konnte bis jetzt keine Pflanze gefunden werden, die in so kurzer Zeit auch nur annähernd eine derartige Triebkraft entfaltet.

Es sei hier noch auf die Unterschiede zwischen mechanischer Lockerung und biologischer Aufmürbung verwiesen. Das wird jedermann ersichtlich, wenn man die Abb. 25 betrachtet. Der Aufbruch ist zunächst noch roh und kantig, wie er auf der linken Seite des Bildes sich zeigt. Den vom Pflug erzeugten Bruchstücken fehlt noch die Porosität, die der Krümelstruktur eigen ist. Auf der rechten Seite wird der gleiche Boden sechs Wochen später

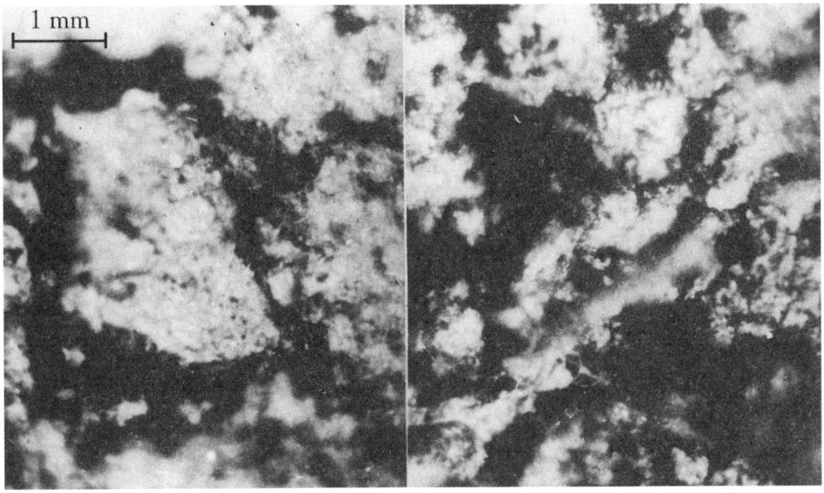

Abb. 25
Links: Der mechanisch gelockerte Boden. Rechts: Sechs Wochen später, die von der Rapsdecke erzeugte Krümelstruktur

gezeigt, nachdem die Wurzeln den Boden durchdrungen und aufgemürbt haben. Jetzt liegt der Boden in porösen Krümeln, also in Schwammstruktur vor und mit der gleichzeitig aufkommenden Lebendverbauung wird er auch gar.

Auch steht die Rapsdecke in ihrer Garebildung einem geschlossenen Leguminosengemenge nicht nach. Es wurde der Eiweißgehalt verschiedener Zwischenfrucht- und Gründeckenpflanzen geprüft und festgestellt, dass die Rapsdecke einem Rotkleebestand gleichwertig ist und daher hochwertige Nahrung für die Bodenorganismen bietet. Zudem ist die Rapsdecke die billigste Zwischenfrucht. Das Gesagte gilt im gleichen Maße für die Rübsendecke, die noch raschwüchsiger ist und für Aussaaten, die nach dem 20. August vorgenommen werden, vorzuziehen ist. Senf als Gründecke ist hingegen ganz ungeeignet, da er bei der notwendigen dichten Aussaat nur Stängel und Pfahlwurzeln ausbildet. Der Boden wird dabei zu wenig beschattet und nicht mit jenem erforderlichen feinen Wurzelfilz durchzogen.

b) Die Kleedecke: Durch die Einsaat einer horstbildenden Kleeart in die Halmfrucht erreicht man nach der Getreideernte eine geschlossene Kleedecke, die im Herbst oder zeitigem Frühjahr umgebrochen wird. Da der Klee schon während der Vegetationszeit seine Wurzeln in den Boden vorschiebt, kommt es erst gar nicht zu den Schollenbildungen, die so oft auf Getreideäckern angetroffen werden (siehe auch Abb. 17).

Für leichtere Böden eignet sich am besten Weißklee (8 kg/ha), für mittelschwere Böden Schwedenklee (12 kg/ha) und für schwere kalkreiche Böden Gelbklee (24 kg/ha). Bei Weißklee ist allerdings eine gewisse Vorsicht am Platze, weil er anfällig für die Kleemüdigkeit ist. Wundklee ist ungeeignet, da er wohl den Boden gut deckt, aber in der Garebildung nicht befriedigt. Man wähle, namentlich in den Trockengebieten, nur solche Sorten, die als dürreresistent bekannt sind.

Die Kleedecke hat auch große betriebswirtschaftliche Vorteile. Der Stoppelsturz entfällt und es kann die menschliche und maschinelle Arbeitskraft an anderer Stelle eingesetzt werden.

Eine besondere Form stellt die Kleestrohdecke dar, die auf viehschwachen und viehlosen Betrieben immer mehr an Bedeutung gewinnt. Dabei wird das vom Mähdrescher abgeworfene und vom Strohzerreißer fein zerkleinerte Stroh auf den heranwachsenden Klee abgeworfen. Der Klee wächst durch dieses Stroh hindurch, mürbt es auf und es ist eine ideale Verbindung zwischen lebender und toter Pflanzendecke gegeben. Diese Kombination von lebendem und totem Material ahmt die natürlichen Verhältnisse, wie sie auf der Wiese und im Wald vorgefunden werden, treffend nach. Immer deutlicher erkennt man, dass eine tote Streuschicht, die im Schatten einer lebenden Pflanzendecke am Boden liegt, den natürlichsten Futterplatz für die Bodentiere gibt. Es ist geradezu erstaunlich, welch üppiges Kleintierleben sich innerhalb kurzer Zeit unter einer solchen Streuschicht einstellt und wie erheblich dadurch die Humusproduktion im Boden gesteigert werden kann. Auch wird das Stroh in Form einer Klee-Stroh-Verbindung sehr gut als Futter von den Bodentieren aufgenommen und in Humus verwandelt. Im unbeschatteten Boden hingegen ist das Kleintierleben so gering, dass es zu keiner Humifizierung des Strohs kommt. Es wird vielmehr binnen kürzester Zeit von den Bakterien und Pilzen restlos zu Kohlensäure veratmet, also fast unproduktiv verbrannt.

Eine noch wirksamere Verbindung ist eine Kombination von wertvollem Stalldünger mit einer Gründecke. Allerdings ist dazu die feinste Verteilung des Düngers die erste Voraussetzung. Es sind heute so gute Stallmiststreuer auf dem Markt, die es erlauben, einen dünnen Stallmistschleier (100 dz/ha) einzubreiten, sobald die Gründecke den Boden zu schließen beginnt, also die Schattenwirkung sich einstellt. Diese Stallmist-Gründecken erweisen sich als vorzügliches Heilmittel gegen strukturkranke Böden und bedeuten zugleich eine wesentliche arbeitstechnische Erleichterung. Auch die Arbeitsspitze, die durch die Ausführung und Unterbringung des Stalldüngers bis jetzt immer gegeben war, ist gebrochen, weil sich die Ausbringung des Düngers über mehrere Monate hinziehen kann. Man kann im Herbst die Gründecken und im Frühjahr die heranwachsenden Winterungen mit einem Stallmistschleier versorgen, also von der Stallmistdecke ausgiebig Gebrauch machen. Man braucht keine Bedenken zu haben, dass der als Streuschicht im Pflanzenbestand liegende Stalldung den Stickstoff in die Luft bläst. Die Untersuchungen haben gezeigt, dass der entweichende Ammoniakstickstoff von dem darübergebreiteten Blätterdach eingefangen wird und der Pflanze zugute kommt.

Es wurde hier nur die Technik jener Gründecken skizziert, über die praktische Erfahrungen vorliegen und die das vorschwebende Ziel aufzeigen – nämlich die der Natur nachgebildete Kombination von lebender und toter Pflanzendecke. Bestimmt werden sich noch andere Möglichkeiten ergeben und dem Erfindergeist des Praktikers sind darin keine Grenzen gesetzt.

Eine zweite Frage, die innig mit der Heilung des Gareschwundes zusammenhängt, ist die Ackerung. Obwohl die Zweischichtackerung (seicht wenden, tief lockern) am besten den biologischen Anforderungen des Bodens entspricht, ergeben sich immer wieder Schwierigkeiten technischer Art. Man muss daher versuchen, mit einfachen Pflugformen auszukommen und den Pflugkörper wählen, den der Acker verlangt. Die Aufgabe des Pfluges liegt ja nicht einzig darin, den Boden zu lockern und die Ernterückstände zu vergraben, um wieder ein freies Saatbeet zu bekommen, sondern die von der Vorfrucht erzeugte Wurzelmasse soll dorthin gelegt werden, wo sie als Organismenfutter am besten verwertet wird. Man sollte daher beim Pflug nicht von einem Streichblech, sondern von einem Servierbrett sprechen. Eine volle Wendung der Krume kann demnach nur dann richtig sein, wenn die ganze Krumentiefe von der Vorfrucht gut durchwurzelt wurde. In vielen Fällen aber liegt die gesamte Wurzelmasse in der Oberkrume, während die Unterkrume verdichtet und leblos ist. Eine tiefe Wendung vergräbt also das Organismenfutter und verschuldet im nächsten Jahr eine gesteigerte Neigung des Bodens zu Verschlammungen und Verdichtungen. Auf solchen Böden braucht man einen Pflug, der den Boden nicht voll wendet, sondern ihn nur umlegt, so dass die garefähige Oberkrume oben bleibt. Man muss also von Acker zu Acker mit der Spatenprobe entscheiden, welche Pflugform der Bodenzustand verlangt, um die richtige Wahl zu treffen. Nicht minder wichtig ist die Form des Pflugschares, das die Krume nicht durch einen waagrechten Schnitt vom Untergrund abtrennen darf, sondern eine möglichst aufgeraute Furchensohle erzeugen soll.

Auf einen geordneten Kalkzustand und eine geregelte Nährstoffversorgung des Bodens zur Erhaltung der Bodengare wird noch zu einem späteren Zeitpunkt verwiesen werden; hier sei nur erwähnt, dass der Kalk durch seine koagulierende Wirkung die Struktur verbessert und ein mit Nährstoffen gut versorgter Boden ein üppiges Wurzelwachstum ermöglicht, das wieder reichlich Ausgangsmaterial für die Lebendverbauung und Humusbildung durch die Organismen gibt.

Man darf freilich nicht verlangen, dass die Heilung des Gareschwundes sozusagen von heute auf morgen erfolgt. Namentlich schwierige Patienten können nicht in einem Arbeitsgang geheilt werden. Nicht selten spielen die Witterungsverhältnisse übel mit und man erreicht das gesteckte Ziel nur zum Teil. Man findet dann trotz Gesundungsmaßnahmen immer noch mehr oder weniger garelose, große Schollen in der Krume und muss konstatieren, dass hier und dort noch Reste der alten Krumenverdichtung erhalten blieben. Nicht selten zeigt es sich, dass die erzeugte Bodengare während der folgenden Vegetationszeit zum Teil wieder verlorengeht und sich abermals Zeichen eines Strukturverfalls einstellen. Aber man wird immer eine Besserung des Bodenzustandes und eine entsprechende Ertragssteigerung buchen können, und das ist schon ein Erfolg. Werden die Gesundungsmaßnahmen aber andauernd fortgesetzt, dann wird es auch zur vollkommenen Ausheilung des Gareschwundes kommen, bei dem einen Boden früher, bei dem anderen wird es längere Zeit in Anspruch nehmen. Man muss es sich nur zum Prinzip machen, erst den Boden mit der Spatenprobe zu begutachten und mit wenigen Strichen den Krumenquerschnitt festzuhalten. Dann soll überlegt werden, wie der Heilungsprozess vorgenommen wird.

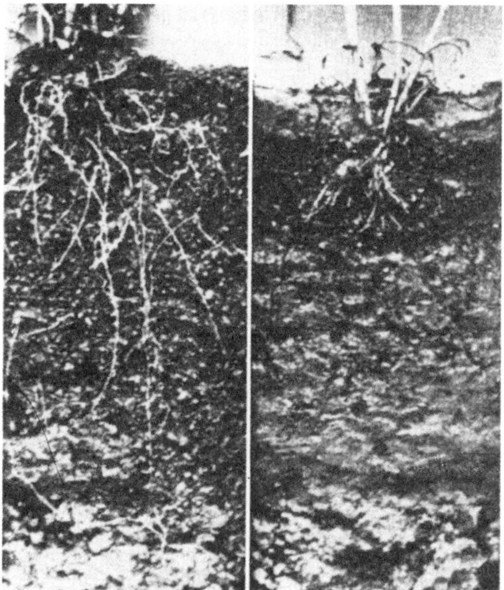

Abb. 26
Krumenquerschnitt (rechts) vor und (links) nach der Heilung des Gareschwundes

Da in der Regel alle Schläge eines Betriebes mehr oder weniger heilungsbedürftig sind, wird man sich einen Gesundungsplan entwerfen müssen, um alljährlich einen Teil der Äcker in Angriff zu nehmen und so im Laufe der Rotation alle Schläge in Ordnung zu bringen.

Die Abb. 26 zeigt einen Acker, der schwere Verdichtungen aufwies und durch eine Rapsdecke geheilt wurde. Die Weizenerträge waren dank der Gesundungsmaßnahmen von 25 dz/ha auf 40 dz/ha gestiegen.

Neben dem Gareschwund, der sich durch eine Verdichtung der Krume nach der Ackerung auszeichnet und der oft fälschlich als Pflugsohle bezeichnet wird, gibt es auch tatsächliche Pflugsohlen. Sie waren zur Zeit der Gespannpflüge besonders stark verbreitet, weil diese Pflüge Jahr für Jahr in der gleichen Tiefe gegangen sind und sich so die Gleitspuren des Pflugschares mit der Zeit zu einer oft mehrere Zentimeter mächtigen Sohle verdichtet haben, die zwischen Krume und Untergrund eine scharfe Grenze zog. Auch hier handelt es sich um eine Sperrschicht, die den Wurzeln das Eindringen in den Untergrund verwehrt, wenngleich auch eine andere Ursache vorliegt. Diese Schichten müssen beim Heilungsprozess mechanisch aufgebrochen, dann aber sofort mit einem Gare bildenden Bestand versehen werden, damit der tote Boden neues Leben erhält.

Der Boden als Wasserspeicher

Die Erhaltung der Bodengare hat letzten Endes das Ziel, einen ausgeglichenen Wasserhaushalt von Boden und Pflanze zu sichern. Nur in einer gesunden, garen Krume bleiben die Wasser- und Luftkanäle anhaltend in Funktion. Vor allem aber bleibt der Übergang von der Krume zum Wasserspeicher im Untergrund offen, so dass der Acker jeden Regen rasch aufnimmt und im Untergrund zu speichern vermag. Darauf kommt es an, denn in Trockenzeiten hat der Acker die größten Chancen, der am meisten Feuchtigkeit nutzbar gespeichert hat.

Zwei Fragen werden aufgeworfen: Wie funktioniert der gesunde Boden als Wasserspeicher? Welche Störungen des Wasserhaushaltes ergeben sich im garelosen Acker?

Zunächst muss man eine alte Vorstellung korrigieren. Es stimmt nämlich nicht, dass die Pflanze von kapillar aufsteigendem Grundwasser versorgt wird, wenn die Wurzeln nicht unmittelbar in den Grundwasserbereich hineinwachsen. Der kapillare Wasseraufstieg aus dem Grundwasser ist wohl vorhanden, aber viel zu träge, um die Wasserbedürfnisse der Pflanze zu befriedigen. Man muss daher zwischen Grundwasserböden und Regenböden unterscheiden und kann feststellen, dass bei letzteren nur das im Wurzelraum gespeicherte Wasser für dieselben nutzbar ist. Die Größe der Wasserspeicherung ist daher durch die Tiefe des durchwurzelten Bodenraumes gekennzeichnet. Es ist nur wenig bekannt, dass die einjährigen Kulturpflanzen unter optimalen Verhältnissen eine Tiefe von nahezu 2 m erreichen und damit das in dieser Bodentiefe gespeicherte Wasser zu nutzen vermögen. Auch das Getreide, das in der Krume eine flache Büschelwurzel ausbildet und daher als „Flachwurzler" bezeichnet wird, geht mit einigen, nur wenig verzweigten Wurzelfäden bis in diese Tiefe. In Abb. 27 wird links der optimale Verlauf einer Getreidewurzel gezeigt. Sobald das Längenwachstum der Pflanze einsetzt, strebt die Wurzel mit großer Geschwindigkeit in die Tiefe (2 – 3 cm täglich) und erreicht bereits zur Zeit der Blüte ihren optimalen Tiefgang. Eine solche Entwicklung ist aber nur in einem gesunden, tiefgründigen Boden möglich. Sobald die Krume infolge mangelhafter Verbauung zusammenbricht und zwischen Krume und Untergrund eine Sperrschicht entsteht, wird die Wurzel zwangsläufig in ihrem Tiefenwachstum gehemmt, wie dies in der Abbildung auf der rechten Seite dargestellt wird.

Es ist nicht etwa der mechanische Widerstand, der die Wurzel in der Krumenverdichtung aufhält, sondern der dort herrschende Luftmangel. Es wird also durchaus verständlich, dass auf einem kranken Acker niemals die optimale Wurzeltiefe erreicht wird. Im vorliegenden Fall sind es bloß 1,1 m, d. h. der für die Pflanze nutzbare Wasserspeicher ist nun wesentlich seichter. Im Einzelfall kann man auch den Fassungsraum des Wasserspeichers

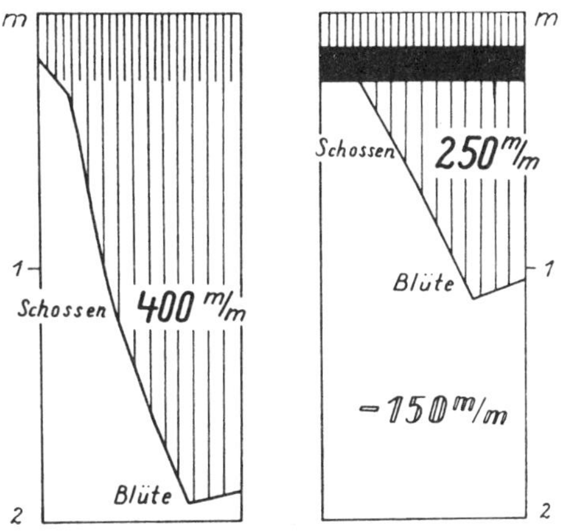

Abb. 27
Die Wurzelentwicklung und nutzbare Regenspeicherung im gesunden und kranken Acker

feststellen und angeben, wie viel Millimeter Regen im durchwurzelten Bodenraum nutzbar gespeichert werden. Diese wichtige Kennzahl des Ackers nennt man seine Regenkapazität. Sie betrug im vorliegenden Fall 400 mm am gesunden und bloß 250 mm Regen am kranken Acker. Der Acker mag also mit ausreichender Winterfeuchtigkeit in die Vegetationszeit kommen, sein Gesundheitszustand entscheidet darüber, ob der Pflanze im Sommer ein Wasser von 400 mm oder bloß 250 mm zur Verfügung steht. Es ist offensichtlich, dass der gesunde Boden anhaltende Dürreperioden besser übersteht und höhere Ernten bringt als der kranke Acker. Der Verlust der Bodengare bedeutet hier einen Verzicht auf 150 mm Regen!
Es wurde hier ein tiefgründiger Lehmboden getestet, der von Natur aus der Pflanze einen großen Wasserspeicher bietet. Nun kann die nutzbare Regenspeicherung je nach dem Aufbau des Untergrundes von Feld zu Feld recht unterschiedlich sein. Während eine Regenkapazität von 400 mm wohl das Optimum darstellt, kann dieselbe auf seichten Böden auf 100 mm oder 50 mm und noch weniger absinken. Im speziellen Fall braucht man an einer ausgehobenen Profilgrube nur feststellen, wie tief die Wurzeln in den Untergrund hineingehen. Je ein Dezimeter Schicht werden nutzbar gespeichert:

Grobsand	unter 5 mm Regen
Feinsand	5 – 10 mm Regen
Lehmiger Sand	10 – 15 mm Regen
Sandiger Lehm	15 – 20 mm Regen
Lehm	15 – 20 mm Regen
Lehmiger Ton	10 – 15 mm Regen
Ton	unter 10 mm Regen

Aus diesen Angaben kann auf jedem Acker die Regenkapazität ermittelt werden; sie ist ein getreues Abbild seiner Ertragsfähigkeit. Je größer der nutzbare Wasserspeicher im Untergrund ist, umso unabhängiger wird die Pflanze von den Zufälligkeiten der sommerlichen Regenverteilung und umso rentabler werden die Kulturmaßnahmen. **Nicht die Fläche, sondern der durchwurzelte Bodenraum ist der Grundbesitz!**

Es entsteht nun die Frage: wie viel könnte der Acker an Winterfeuchtigkeit speichern und wie viel speichert er tatsächlich? Es wurde in zahlreichen Einzelfällen bestimmt, wie tief der Untergrund durchwurzelt werden könnte und wie tief er tatsächlich durchwurzelt wird. Aus der Gegenüberstellung der möglichen und der tatsächlichen Regenkapazität erfährt man, wie viel Speicherraum im Untergrund noch erschlossen werden kann, wenn der Acker geheilt, d. h. die Verbindung zwischen Krume und Untergrund wieder hergestellt wird. Die vorliegenden Befunde wurden statistisch ausgewertet und festgestellt, dass infolge des Gareschwundes

in 11% der Fälle	mehr als 150 mm	gespeicherter Regen,
in 24% der Fälle	100 – 150 mm	gespeicherter Regen,
in 37% der Fälle	50 – 100 mm	gespeicherter Regen,
in 28 % der Fälle	unter 50 mm	gespeicherter Regen

ungenutzt bleiben, weil der Wurzeltiefgang durch eine Krumenverdichtung gehemmt war. Dieser Verzicht auf Winterfeuchtigkeit ist namentlich in den Trockengebieten unverantwortlich und auch in von Regen begünstigten Gebieten stets mit einer Unsicherheit verbunden.

Der Gareschwund in der Krume hemmt jedoch nicht bloß die Ausnützung des im Untergrund liegenden Wasserspeichers, sondern auch dessen Auffüllung. Die im Herbst oder Winter fallenden Niederschläge sollen doch ohne Verlust gespeichert werden können. Wie oft aber kann man beobachten, wie das Wasser sich in der Oberkrume staut, weil die Sperrschicht das Einsickern in die Unterkrume verzögert. Statt im Untergrund für die nächste Vegetationsperiode gespeichert zu werden, ist das Wasser zum größten Teil der Verdunstung preisgegeben oder geht durch oberirdischen Abfluss verloren. Ein regenreicher Herbst mag Hoffnungen auf ausreichende Winterfeuchtigkeit erwecken. Man tröstet sich damit, wenn die Äcker oft wochenlang für jedes Gerät unbefahrbar sind, sodass die Herbstfurche unterbleiben muss und meint genügend Feuchtigkeit für eine Frühjahrsackerung zu haben. Gräbt man aber den Boden auf, dann wird man enttäuscht feststellen müssen, dass nur die Oberkrume vernässt ist, während unter der Krumenverdichtung trockener Untergrund liegt. Die vermeintliche Winterfeuchtigkeit ist also gar nicht vorhanden! Diese Situation kennzeichnet den garelosen Acker und zeigt sehr eindrucksvoll die Zirkulationsstörungen. Es wurde schon darauf verwiesen, dass die Krumenverdichtungen weniger porös und daher weniger durchlässig sind als der Untergrund. In Abb. 28 wird die Wasserstauung in den Krumenverdichtungen verschiedener Schläge aufgezeigt, um zu veranschaulichen, wie die Krumenverdichtungen das Wasser um Vielfaches träger aufnehmen und verteilen, als der Untergrund.

Man kann sich von diesen Zirkulationsstörungen sehr einfach ein lehrreiches Bild machen, wenn man am Acker bei der Spatenprobe die Wasseraufnahme in der Krume und im Untergrund prüft. Man braucht nur mit einem Tropfenzähler einige Tropfen Wasser hintereinander auf die gleiche Stelle zu geben und mitzuzählen, bis der Tropfen vollständig aufgesaugt ist. Diese ganz einfache Untersuchung hilft den Verdichtungsgrad näher zu kennzeichnen und zeigt in den meisten Fällen, dass der Untergrund den Regen fünf, ja zehnmal rascher aufnehmen könnte, wenn die Sperrschicht in der Unterkrume nicht vorhanden wäre. Selbst ganz misstrauische Landwirte, die wenig von der Bodengare hielten, haben eingesehen, dass etwas nicht in Ordnung ist. Nur der gesunde Boden nimmt den Regen rasch auf und verteilt ihn, sodass die Verdunstungsverluste auf ein Minimum eingeschränkt sind.

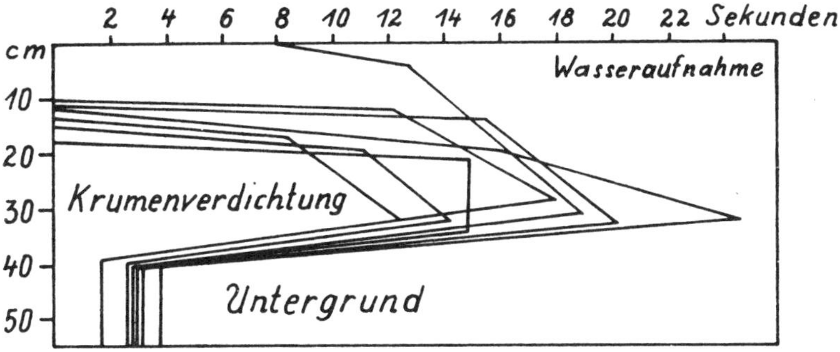

Abb. 28
Wasserstauung in der Krumenverdichtung

Diese Feststellungen geben eine ganz andere Einstellung zu den Gefahren der Dürre. Es wird immer so bleiben, dass es einmal zu viel, ein andermal zu wenig regnet und wichtige Arbeiten am Acker dadurch erschwert oder verzögert werden. Diese Schwierigkeiten werden aber weitgehend gemildert, wenn durch die Pflege der Bodengare dafür Sorge getragen wird, dass der Boden seine Funktion als ausgleichender Wasserspeicher erfüllen kann. Die Dürre ist eine Kulturkrankheit des Ackers so wie der Gareschwund eine solche ist. Sie ist nur eine Folge des Verfalles der alten Kraft und die Wiederherstellung der Bodengare ist eine wirksame Waffe im Kampfe gegen die Dürre. Das mögen sich vor allem jene Betriebe vergegenwärtigen, die im Drange der notwendigen Intensivierung eine Regenanlage planen. Man soll sich vorher die Felder genau ansehen und prüfen, wie es um die Regenspeicherung steht. In der Regel wird man die Entdeckung machen, dass der natürliche Regenspeicher im Untergrund gar nicht so funktioniert, wie man meint, und dass man bedeutende Wasservorräte im Untergrund kostenlos erschließen und nutzbar machen kann, wenn man die Strukturstörungen behebt. Erst dann, wenn der natürliche Wasserspeicher voll ausgenützt wird, hat es einen Sinn, die Auslagen einer Feldberegnung zu riskieren. Sie ist vor allem dort einzusetzen, wo der natürliche Regenspeicher an sich zu wenig Winterfeuchtigkeit fasst, weil es sich um seichtgründige Böden handelt. Je geringer die Regenkapazität des Ackers ist, umso mehr wird sich die Feldberegnung bezahlt machen. Aber auch nur unter der Voraussetzung, dass vorher alle Zirkulationsstörungen in der Krume beseitigt worden sind und diese die notwendige Haltbarkeit aufweist, um dem verstärkten Angriff des Düsenregens standzuhalten. Wenn der Regen mit seinem Trommelfeuer den Acker zerschlägt und das Wasser sich in der Oberkrume staut, ist wenig erreicht, vielfach sogar mehr Schaden als Nutzen erzielt. Der künstlich beregnete Acker bedarf also einer besonderen Garepflege, weil sonst die Hauptmenge des aufgebrachten Wassers wieder verdunstet. Darüber hinaus muss folgendes bedacht sein: Ein weitgehend ausgetrockneter Acker braucht zunächst eine gewisse Durchfeuchtung, ehe die Pflanzen Wasser entnehmen und nutzen können. Jeder Boden hat einen bestimmten „kritischen Wassergehalt", bei dem er die Wasserbelieferung der Pflanze einstellt. Die Spaltöffnungen schließen sich je nach ihrer „Dürreresistenz" und können eine längere Trockenperiode überdauern. Je länger man mit dem Einsatz des Regens wartet, umso mehr Wasser muss aufgebracht werden, um den Boden wieder bis zum kritischen Wassergehalt aufzufüllen. Dieser Aufwand kann also ein Verlustgeschäft werden, und es hat sich darum praktischer erwiesen, einen Beregnungsplan aufzustellen, dessen Turnus nur dann unterbrochen wird, wenn sich natürlicher Regen einstellt. Damit erzielt man nicht bloß eine ausgeglichenere Wasserversorgung der Pflanze, sondern mildert zugleich die verschlämmende Wirkung des Düsenregens. Man denke immer daran, dass der Boden umso stärker verschlämmt, je trockener er geworden ist. Der Wassergehalt des garen Bodens ist durch seine Ausgeglichenheit gekennzeichnet. Der garelose Boden hingegen schwankt von einem Extrem ins andere; er ist bald zu nass, bald zu trocken. Diese Unstetigkeit birgt für die Pflanze zwei Gefahrenmomente. Die Pflanze regelt mit ihren Spaltöffnungen weitestgehend den Wasserverbrauch. Lang anhaltende Dürreperioden führen aber zu einer Lähmung der Spaltöffnungen und nehmen der Pflanze die ihr angeborene Möglichkeit der Regulierung. Sie wird also dauernd geschädigt und zu spät einsetzender Regen nützt dann nicht mehr viel. Anderseits schwächt jede Unstetigkeit im Wasserhaushalt die Konstitution der Pflanze und nimmt ihr dadurch die natürliche Abwehrkraft gegen Schädlings- und Krankheitsbefall. Es konnte wiederholt beobachtet werden, dass z. B. Fußkrankheiten des Getreides am garelosen Acker sich wesentlich verlustreicher auswirken als am gesunden Boden. Die Infektion mag in beiden Fällen die gleiche sein; der Unterschied offenbart sich vielmehr darin, dass die Infektion am gesunden Acker an der Halmoberfläche bleibt, während am kranken Acker die Pilzhyphen bis in die Leitgefäße eindringen und damit die Kornbildung unterbinden. Auch die Herz- und Trockenfäule der Rübe scheint durch einen ausgeglichenen Wasserhaushalt gemildert zu werden. Tierische Schädlinge, wie Rüsselkäfer, Erdfloh, Rapsglanzkäfer usw. richten auf garelosen Böden bedeutend größere Schäden an als am gesunden Acker. Die Pflege der Bodengare steigert also die natürlichen Abwehrkräfte der Pflanze und erleichtert damit den Einsatz aller Maßnahmen des Pflanzenschutzes. Dass der Kampf gegen Krankheits- und Schädlingsbefall immer größeren Aufwand erfordert, ist zum Teil zweifellos auf den Verfall der natürlichen Fruchtbarkeit zurückzuführen. Pflanzenhygiene und Bodenhygiene haben daher viele Berührungspunkte.

Boden und Pflanze brauchen aber nicht bloß Regen, der von Zeit zu Zeit den leergepumpten Wasserspeicher wieder auffüllt, sondern beide brauchen in täglicher Wiederkehr eine zusätzliche Anfeuchtung durch den Tau. Man hat die Bedeutung der Taubildung lange Zeit nicht genügend geschätzt, vielleicht deshalb, weil die Taumengen weit hinter den Niederschlagsmengen zurückbleiben. Aber die Taumenge ist nicht so entscheidend, vielmehr, dass seine Bildung durch Kondensation von Wasserdampf nicht hoch oben in den Wolken, sondern im Boden und an der Oberfläche der Pflanzen erfolgt. Dadurch entsteht im engsten Lebensraum der Pflanze Wärme, und die Gefahr der Fröste wird dadurch gemildert. Außerdem wirkt er einer Austrocknung der Bodenoberfläche entgegen und löst eine sich täglich wiederholende Belebung der Bodenorganismen gerade an jener Stelle aus, wo die Gefahr einer Krustenbildung besteht. Ganz entscheidend ist aber, dass die grünen Pflanzenteile, solange sie vom Tau benetzt sind, die Spaltöffnungen offen halten und assimilieren können, ohne zu transpirieren.

Nun ist zweifellos die Taubildung von der wirksamen Oberfläche des Taufängers abhängig; beim Boden also von dessen Krümelstruktur. Der gare Boden ist ein wirksamerer Taufänger als der garelose. Jeder Landwirt wird diese Aussage aus eigener Erfahrung bestätigen können. Es ist wohl noch nicht erwiesen, aber sehr wahrscheinlich, dass durch den Tau unter einer Krümeldecke die ganze Krume feucht gehalten werden kann, ohne dass überhaupt Regen fällt. Die im Rahmen der Garepflege entwickelte „organische Krümeldecke" scheint nicht nur ein sehr wirksamer Verdunstungsschutz, sondern zugleich ein ebenso wirksamer Taufänger zu sein. Es mag in diesem Zusammenhang interessieren, dass der niedere Bestand einer Rapsdecke dem Boden je Nacht 0,8 – 1,4 mm Niederschlag in Form von Tau einbringt.

Die Spatenprobe

Jeder Landwirt muss für seinen Boden die Entscheidung treffen können, welche Pflege er braucht. Es ist daher für die Gesundheitspflege der Böden ein enormer Fortschritt, seit es eine Felddiagnose gibt, die mit den einfachsten Behelfsmitteln erlaubt, die Ansprüche des Bodens zu ermitteln. J. GÖRBING hat in jahrzehntelanger Erfahrung die Spatendiagnose entwickelt, mit der der Zustand des Bodens jederzeit aufgedeckt und kontrolliert werden kann. Diese Untersuchung ist so einfach, dass sie in der Hand jedes Landwirtes funktioniert und das Wort: „Der Bauer ist Hausarzt seines Bodens", nicht übertrieben ist. Für kompliziertere Fälle wird der Bodenspezialist zu Rate gezogen werden, für die Festsetzung der Pflugtiefe, die Auswahl des Pflugkörpers, verschiedene andere Bearbeitungsmaßnahmen und zur Kontrolle der Lebensvorgänge im Boden, wird der Landwirt mit dieser Methode allein die Entscheidung treffen können.

Man bedarf dazu nur eines stark gebauten Flachspatens mit einem rechteckigen Blatt (18 x 30 cm) und einem kräftigen Stiel mit Quergriff. Dazu noch eine drei- oder fünfzinkige Kralle und einen Maßstab. Den Pflugfabriken sollte die Anregung gegeben werden, diese Behelfe herzustellen und dem Pflug mitzugeben, denn Spaten und Pflug gehören zusammen aufs Feld.

Bei der Spatenprobe will man einen möglichst ungestörten Querschnitt der Ackerkrume sehen und hebt einen Bodenziegel aus, wie es in Abb. 29 schematisch dargestellt ist.

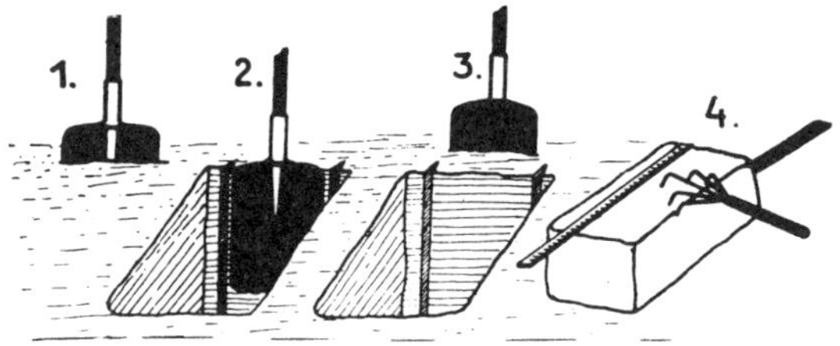

Abb. 29
Die Görbingsche Spatendiagnose

Man führt den Spaten mit einer seitlich pendelnden Bewegung senkrecht in den Boden ein (1.) und vermeidet dabei jeden Druck nach vorne oder rückwärts auf den Boden. Mit Hilfe eines zweiten Spatens wird hierauf eine Grube ausgehoben, derart, dass der erste Spaten wieder freigelegt wird (2.) und dann abermals (3.) in den Boden gestochen, sodass nach dem Kippen des Bodens ein ziegelförmiger Querschnitt des Krumenbodens erhalten wird. Das Losbrechen des Erdziegels wird dadurch wesentlich erleichtert, wenn man nach dem Ausheben der Grube zwei senkrechte Rillen (2., 3.) in die freigelegte Wand einschneidet. Der herausgehobene Bodenziegel wird nun aufmerksam untersucht. Hierzu legt man einen Maßstab auf den Erdziegel und beginnt mit der Kralle (4.) den Ziegel von oben her zu zerlegen. Zunächst wird der krümelige, bzw. bröckelige Boden abgeräumt und nach eingebetteten Schollen untersucht. Zusammenhängende Verdichtungen im Inneren der Krume bleiben schließlich über und werden mit der Hand vorsichtig aufgebrochen, sodass man den Grad der Verdichtung feststellen und zwischen scholligem und plattigem Bruch unterscheiden kann. Beim Zerlegen des Bodenziegels ergibt es sich von selbst, dass die Pflanzenwurzel freigelegt und daher leicht beobachtet werden kann, wie die Wurzel auf die verschiedenen Arten der Bodenverdichtungen reagiert und in ihrer Entwicklung gehemmt wird. Man wählt daher schon beim Spatenstich die Stelle der Probenahme so, dass mit dem Bodenziegel eine Pflanze (Kultur- oder Unkrautpflanze) erfasst wird. Im Einzelnen ergibt sich zwischen Bodenzustand und Wurzelform immer ein enger Zusammenhang:

1. Der krümelige Boden ist reich durchwurzelt; die einzelnen Wurzelfäden sind gestreckt.
2. Der bröckelige Boden (Verdichtung 1. Grades) ist nicht mehr so dicht durchwurzelt; die einzelnen Wurzelfäden sind nicht gestreckt, sondern fein gewellt.
3. Der schollig brechende Boden (Verdichtung 2. Grades) ist nur wenig durchwurzelt; die Wurzeln finden sich meist nur an den Bruchflächen der Schollen (Spatenwurzeln) oder in Wurmlöchern. Die einzelnen Wurzeln sind umso gröber gewellt, je größer die Schollen sind, die von der Wurzel umfangen werden mussten.
4. Der plattenförmig brechende Boden (Verdichtung 3. Grades) ist in senkrechter Richtung nicht oder nur sehr schwach durchwurzelt. Wurzeln finden sich nur in den horizontal verlaufenden Bruchflächen (Spalten).

In der Abb. 30 sind drei Krumenquerschnitte mit ihrem Wurzelbild als Beispiel wiedergegeben. In solch einfacher Art sollte man sich den Krumenquerschnitt der einzelnen Äcker alljährlich aufzeichnen. Dann hat man im Laufe der Jahre einen Lebenslauf des Ackers vor sich und kann an diesen Aufzeichnungen das Auftauchen und Verschwinden von Krankheitsbildern verfolgen und den Boden immer besser kennenlernen, weil man sieht, welche Kulturmaßnahmen welche Wirkungen hervorgerufen haben. Je schärfer man beobachtet und die guten und schlechten Stellen eines Ackers untereinander vergleicht, umso mehr kann man herauslesen und wichtige Erfahrungen sammeln.

Der Abschnitt A zeigt den Querschnitt eines annähernd gesunden Bodens; bis 12 cm ist er krümelig (K), bis 25 cm bröckelig (V_1), darunter liegt der unbearbeitete Untergrund (in der Zeichnung strichliert). Die durch den bröckeligen Aufbruch gekennzeichnete Verdichtung 1. Grades reicht aber bereits

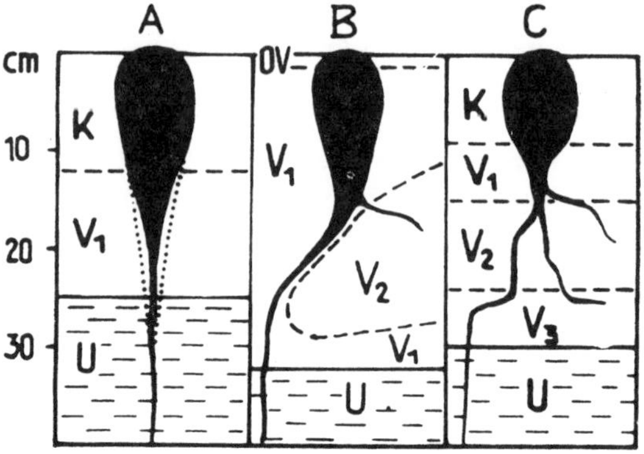

Abb. 30
Schematische Darstellung eines Strukturbefundes bei Rübe nach der Görbingschen Spatendiagnose

aus, um das Dickenwachstum der Rübe etwas zu hemmen. Der ideale Rübenkörper ist in der Zeichnung punktiert angedeutet. Durch diese geringfügige Verdichtung entsteht schon eine hohlbackige Rübe, die den Ertrag schon sinken lässt.

In Abschnitt B ist ein Acker zu sehen, der zu breit gepflügt wurde. Zusätzlich ist eine Oberflächenverdichtung (OV) vorhanden. Die Hauptmasse der Krume ist bröckelig (V_1), in ihr eingebettet liegt ein erhalten gebliebener Pflugbalken, der schollig bricht, also eine Verdichtung 2. Grades darstellt. Übereinstimmend mit diesem Befund lässt die Rübenwurzel eindeutig eine Teilung erkennen. Während die Hauptwurzel dem Pflugbalken ausweichen muss, verankert sich eine Nebenwurzel in ihm. Der Ertrag ist durch solche Verbildungen schon wesentlich verringert.

In Abschnitt C ist ein ganz schwerer Patient zu sehen. Hier haben sich die Verdichtungen stockwerkartig übereinander aufgebaut (V_1, V_2, V_3), sie wuchsen von der Furchensohle nach oben. Man beachte, wie die Rübenwurzel auf diese Hemmung reagiert. Bei 10 cm beginnt eine Verdichtung 1. Grades, der Rübenkörper verjüngt sich, bei 15 cm beginnt eine Verdichtung 2. Grades, die Rübenwurzel verzweigt sich, um in Spalten und Wurzellöchern einen Weg zu finden. Man beachte die grobwellige Form dieser Wurzeln. Der Umweg, den sie machen mussten, ist an der Wurzelform deutlich zu erkennen. Bei 24 cm stößt die Wurzel auf eine Verdichtung 3. Grades und muss nun waagrecht ausweichen, um zufällig da und dort einen Weg in die Tiefe zu finden. Der durch die Verwurzelung der Rübe bedingte Ertragsausfall bedarf keiner besonderen Erläuterung: er bedeutet eine Missernte.

Um sich ein Urteil über den Strukturzustand eines Ackers machen zu können, ist es wohl nötig, mehrere solcher Spatenproben auf einem Schlag zu nehmen. In der Regel wird man ein sehr einheitliches Bild erhalten, aber es

gibt auch Fälle großer Unregelmäßigkeit innerhalb kleinster Flächen. Oft sind solche Unregelmäßigkeiten auf einen lückigen Bestand zurückzuführen. Auch eine sorglos ausgeführte Ackerung kann ein ungleichmäßiges Strukturbild verschulden. Auf alle Fälle muss man sich darüber im Klaren sein, dass die Spatenprobe nur einen Ausschnitt aus dem zeitlichen Ablauf der Strukturwandlungen in der Krume – eben den gegenwärtigen Strukturzustand – aufzeigt. Erst wenn man die Spatenproben in gewissen Zeitabschnitten wiederholt und die einzelnen Befunde aneinanderreiht, erhält man einen Lebenslauf des Ackers und lernt so die Böden erst richtig kennen.
Kaum begegnet man einem Landwirt, der gleichgültig vor einem Spatenausstich steht. Viele und sehr erfahrene Landwirte haben versichert, dass ihnen die Spatenprobe einen großen Schritt weiter geholfen hat, ihren Boden kennenzulernen. Man muss eben in den Boden hineinschauen und sich um die Vorgänge darin kümmern.

Geordnete Humuswirtschaft

Humuswirtschaft ist die planmäßige Fütterung der Bodenorganismen.

Mit dieser Definition ist der Humuswirtschaft eine wesentlich umfassendere Aufgabe gestellt als bisher. Sie beschränkt sich nicht mehr allein auf die Erzeugung und Anwendung des Stalldüngers, sondern sie sieht in ihm nur eine zusätzliche, wenn auch sehr wertvolle Ergänzung zur Schaffung günstiger Lebensbedingungen für die Mikroorganismen. Das Kernproblem der Humuswirtschaft liegt in dem von der Natur vorgesehenen Zusammenleben der Pflanze mit den Bodenorganismen.

Drei Aufgaben umschließt das Humusproblem am Acker:

1. Die Fütterung der Bodenorganismen mit abbaufähiger organischer Substanz (Nährhumus).
2. Die Festigung des Bodengefüges durch ein wasserbeständiges Bindemittel (Dauerhumus).
3. Die produktive Verwertung der angebotenen organischen Substanz (Kohlenstoffumsatz).

Primär muss den Nahrungsansprüchen der Bodenmikroben und -kleintiere Rechnung getragen und ihnen genügend organische Substanz angeboten

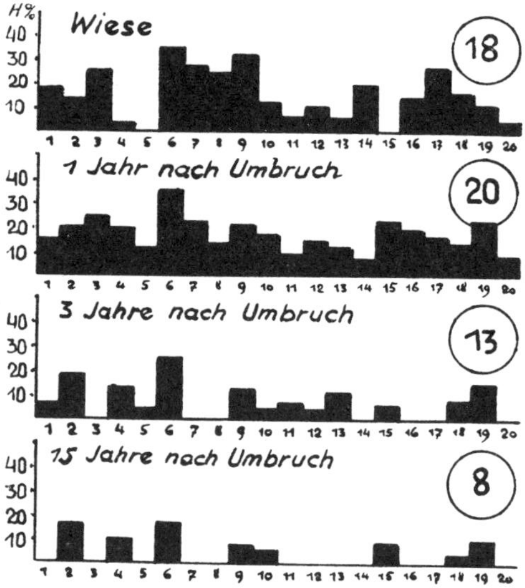

Abb. 31
Abbau der Organismengesellschaft

werden. Alle Maßnahmen der Fruchtfolge, der Düngung und der Bodenbearbeitung müssen auf die Steigerung der Wurzelproduktion hinzielen, denn damit ist das Nährhumusproblem gelöst. Je größer und verschiedenartiger das Nahrungsangebot ist, desto reicher an Art und Zahl können sich die Mikroben vermehren. Das ist am Acker überaus wichtig, denn wenn man die Entsozialisierung des Ackerbodens gegenüber dem naturbelassenen Grasland betrachtet (Abb. 31), dann sieht man, wie schwach besiedelt ein Boden, der 15 Jahre in Ackerkultur gestanden hat, ist.

Es wurden bei diesen Untersuchungen nicht die Namen der einzelnen Mikroorganismen angeführt, sondern sie mit Zahlen bezeichnet. Von 18 verschiedenen Formen, die reichlich vorhanden waren, stieg die Zahl im ersten Jahr der Ackernutzung vorübergehend auf 20, um aber dann rapide zu fallen und am Ende der Untersuchungsreihe nur mehr 8 schwach vertretene Formen aufzuweisen. Umgekehrt kann aber auch eine planmäßige Fütterung der Mikroben ihren Anstieg bedingen. In Abb. 32 ist der Aufbau der Organismengesellschaften bei verschiedenen Gesundungsmaßnahmen gezeigt.

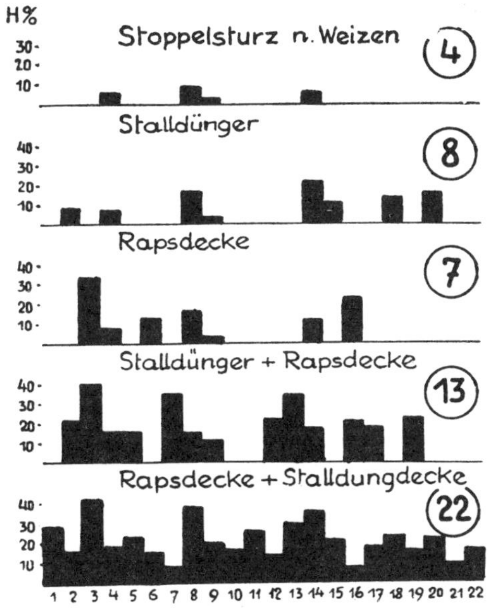

Abb. 32
Aufbau der Organismengesellschaft

Beim Stoppelsturz nach Weizen wurden nur vier verschiedene Mikroben in geringer Menge gefunden. Nach einer Stalldüngergabe erhöhten sie sich auf 8, eine Rapsdecke brachte am gleichen Acker 7 verschiedene Formen hervor. Eine Stalldüngergabe mit nachfolgender Rapsdecke zeitigte einen Anstieg auf 13. Sprunghaft stieg die Anzahl der Formen, als ein dünner Stallmistschleier in eine Rapsdecke gebreitet wurde, es wurden 22 gut entwickelte Formen nachgewiesen.

Was versteht man unter Dauerhumus? Wie entstehen diese dunkel gefärbten, kolloiden Substanzen, die ähnlich der mineralischen Tonsubstanz befähigt sind, Pflanzennährstoffe zu binden und die mit der Tonsubstanz als sogenannter Ton-Humuskomplex eine besonders wasserfeste Bindesubstanz des Bodens ergeben? Durch den Einbau dieser Humuskörper in das Bodengefüge wird dessen Mörtelsubstanz elastischer, sodass bei der sprengenden Wirkung des Wassers größere Bruchstücke entstehen, die nie so dicht geschlämmt werden wie die kleinen Aggregate des reinen Mineralbodens.

Bis vor kurzer Zeit glaubte man, der Dauerhumus wäre ein Rückstand der Zersetzung von der im Boden anfallenden organischen Substanz und meinte, den Humusgehalt des Bodens zu erhalten und ihn anzureichern, wenn man ihm genügend organisches Material zuführt. Man trachtete Ersatz zu scharfen für die durch die Ernte entführte organische Masse und entwickelte die heute übliche Stalldünger- und Gründüngungswirtschaft. Das Humusproblem wurde immer mehr und mehr ein Düngungsproblem. Ohne Zweifel entsteht am Düngerstapel Nähr- und Dauerhumus, aber es ist noch nicht die Sicherheit gegeben, dass beide Formen im Boden nutzbringend verwertet werden. Auch sind die Mengen zu gering, um die Ansprüche des Bodens dauernd zu befriedigen. Der Boden selbst produziert den Humus, wenn ihm nur die entsprechenden Bedingungen eingeräumt werden.

Bis jetzt wurde am Acker immer nur das Leben der Pflanze organisiert, nicht ihr Tod! Und gerade dieser Abschnitt ist für die Humusbildung wesentlich. Wie verhält sich die Natur gegenüber einer Pflanzenleiche im Boden? Die anfallenden Pflanzenleichen verrotten, d. h. sie verfallen dem Abbau durch die Bodenorganismen, wozu man neben den verschiedenen Mikroorganismen (Bakterien, Pilze, Actinomyceten usw.) eine ebensolche Vielfalt niederer Bodentiere (Würmer, Milben, Springschwänze, Larven usw.) zählt. Diese Mikroflora und Mikrofauna bilden eine enge Lebensgemeinschaft, deren einzelne Partner sich gegenseitig helfen die Pflanzenleichen zu zerlegen und zu verzehren. Der Verrottungsvorgang vollzieht sich, wie in Abb. 33 skizziert.

In letzter Zeit wurden für die Humusbildung zwei wesentliche Entdeckungen gemacht. H. FRANZ, W. KUBIENA und W. LAATSCH gelang der Nachweis, dass im Darmtrakt der Bodentiere Humusvorstufen gebildet werden. Diese Bodentiere nehmen bei ihrer Nahrungssuche auch Feinerde auf, sodass bereits in ihrem Darm Dauerhumusformen entstehen, die mit den Exkrementen im Boden feinst verteilt werden.

Andere Forscher, F. SCHEFFER, W. LAATSCH und W. FLAIG haben im Kulturversuch bewiesen, dass auch pflanzliche Mikroorganismen befähigt sind, echte Humuskörper aufzubauen. Das ist eine ganz fundamentale

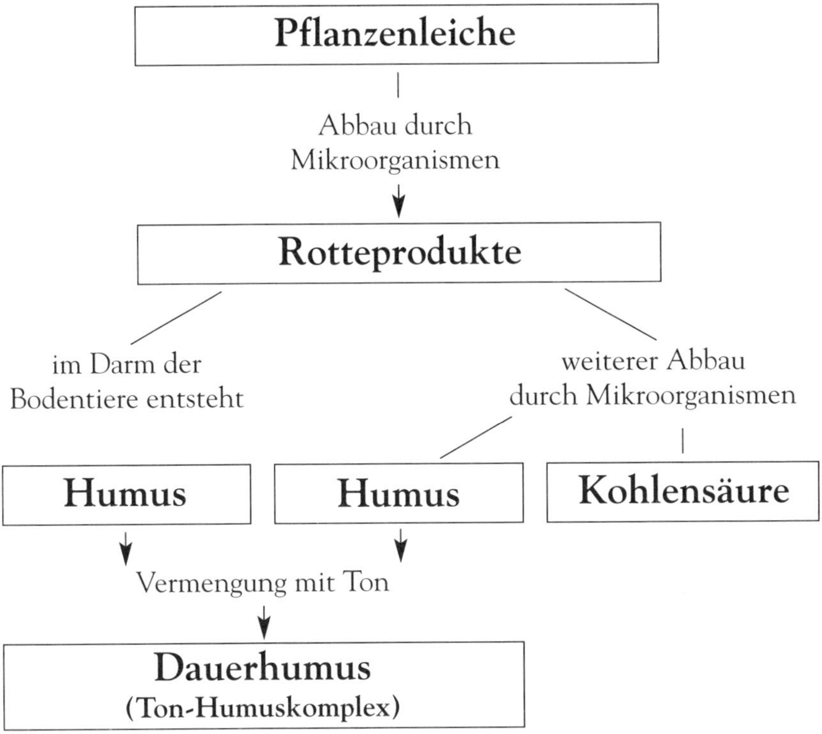

Abb. 33
Ab-, Um- und Aufbau der organischen Substanz

Erkenntnis, da man bis jetzt wohl die Bedeutung der Mikroben in der Lebendverbauung kannte, aber nicht wusste, dass es sich dabei um echte Humusstoffe handelt. Es galt nun zu klären, unter welchen Voraussetzungen die bodenständigen Mikroorganismen die ihnen angebotene Nahrung zu Humus verarbeiten. F. SEKERA konnte erst an farbigen Mikroaufnahmen darlegen, dass es auch zu einer Humusbildung durch Mikroorganismen kommt und feststellen, dass Pflanzenreste dann zu Humus verarbeitet werden, wenn gleichzeitig auch tierische Ausgangsmaterialien zur Verfügung stehen. Damit ist bewiesen, dass neben der endogenen Humusbildung durch die Bodentiere auch eine exogene durch die pflanzlichen Mikroorganismen stattfindet und die Humusneubildung im Boden eng mit dem Funktionieren der Lebensgemeinschaft von Mikroflora und Mikrofauna verbunden ist.

Wie aber kommt die Humusbildung durch die Mikroben zustande? Versuchstechnisch wurde dabei so vorgegangen, dass dem Boden verschiedene organische Nahrung angeboten wurde, teils nur pflanzlicher Natur (Wurzeln, Grünmasse, Heu), teils tierischen Ursprungs (Insektenlarven, Mehl- und Regenwürmer), teils gemischte Kost pflanzlichen und tierischen Ursprungs. Wurde den Mikroben nur pflanzliche oder nur tierische Nahrung geboten, konnte in keinem Fall eine Humusbildung beobachtet werden. Selbst in den letzten Abbaustadien war keine Spur einer Verfärbung zu sehen, das angebotene Futter wurde restlos zu Kohlensäure veratmet. Anders bei der kombinierten Ernährung. Meist zeigte sich schon nach fünf, stets aber nach 10 Tagen eine lokalisierte Braunfärbung der pflanzlichen Gewebe, die sich als Humusneubildung erwies und in Abb. 34 wiedergegeben ist.

Während in dem Boden, dem nur Rapsgrünmasse geboten wurde, innerhalb 20 Tagen ein vollkommener Abbau bis auf die Blattrippen erfolgte, setzte auf jenem Boden, dem Wurmleichen neben der Rapsgrünmasse zugesetzt wurden, nach 10 Tagen eine teilweise Braunfärbung und nach weiteren 10 Tagen eine intensive Bräunung ein.

Es ist noch nicht geklärt, warum die Organismen einer zusätzlichen tierischen Nahrung bedürfen, um echte Humusstoffe zu erzeugen. Wahrscheinlich ermöglicht das tierische Eiweiß durch ein entsprechend großes Stickstoffanbot die Humusbildung.

Analog mit der Humusbildung nimmt auch die Siedlungsdichte bei gemischter Ernährung zu. Dieses Mal wurde mit Gelbklee und Larven von Mehlwürmern (Tenebrio molitor) ein Versuch angestellt und die Ergebnisse in Abb. 35 wiedergegeben. Während die Häufigkeit dichter Ansiedlungen bei alleiniger pflanzlicher Kost nach 22 Tagen bereits auf 14% abgesunken ist, um sich dann auf einem Minimalwert längere Zeit zu halten, bleiben

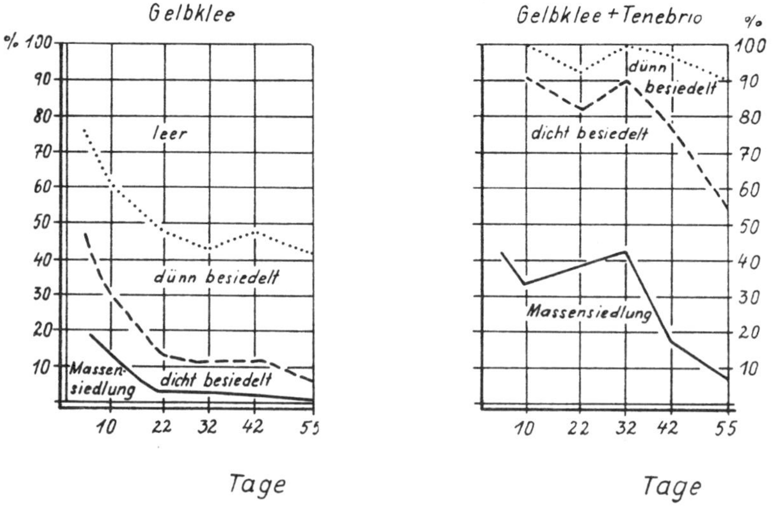

Abb. 35
Prozentuale Verteilung der Siedlungsdichte von Bodenorganismen

bei kombinierter Ernährung nach 55 Tagen immer noch 54% der Beobachtungsstellen dicht besiedelt. Das Auf und Ab der Siedlungskurven ist nicht auf Versuchsfehler zurückzuführen, sondern trat bei kombinierter Ernährung immer auf. Es handelt sich dabei offenbar um einen antagonistischen Effekt. Außerdem war die Organismengesellschaft bei kombiniertem Nahrungsanbot immer formenreicher, als bei einseitiger tierischer oder pflanzlicher Kost.

Das vielseitige Anbot in der Ernährung der Bodenorganismen bringt aber noch einen unschätzbaren Vorteil. Entgegen allen Erwartungen, zeigte sich bei der intensiven Organismenbesiedlung ein wesentlich langsamerer Substanzabbau als bei einseitiger Ernährung. Die bei der Humusneubildung anfallenden Zwischenprodukte und Humusvorstufen steuern offenbar den Kohlenstoffumsatz der Bodenorganismen, indem die unproduktive Veratmung der organischen Substanz abgebremst wird und die Organismen mit dem ihnen gebotenen Futter länger auskommen. Die Humuskörper sichern daher als Wirkstoff einen produktiven Kohlenstoffumsatz im Boden, während bei mangelhafter Humusneubildung die anfallenden Ernterückstände rasch veratmet werden und die Organismentätigkeit nach einer vorübergehenden Belebung rasch wieder abklingt. Dieses „biologische Strohfeuer" kann also dank der besseren Humusneubildung abgebremst werden und es findet eine produktive Verwertung des Organismenfutters statt.

Aber das reichlichste Anbot an Nahrung für die Bodenorganismen nützt nichts, wenn man es ihnen nicht dorthin legt, wo sie es verwerten können.

Wo wollen die Bodentiere ihren Futterplatz haben?

Regenwürmer beantworteten diese Frage in folgendem Versuch: Ackerboden wurde in Kisten gefüllt, und zwar derart, dass jeweils in der einen Hälfte der Kiste organische Substanz gleichmäßig in den Boden eingemischt war, während in der anderen Hälfte die gleiche Menge Organmasse auf den Boden gebreitet und nur ganz seicht eingearbeitet wurde, sodass eine mit organischer Substanz reichdurchsetzte Krümeldecke entstand. Nach vier bzw. acht Wochen wurden in jede der so vorbereiteten Kisten je 10 Regenwürmer ausgesetzt, die vom gleichen Acker des Versuchsbodens stammten. Sie hatten nun die Wahl, ihr Futter im Boden oder an der Oberfläche einzunehmen. Hier ist das Ergebnis einiger solcher Versuche:

Dargebotene organische Substanz (Rottezeit 8 Wochen)	Anzahl der Regenwürmer organische Substanz eingemischt	organische Krümeldecke
Erbse und Wicke, grün	2	8
Raps, grün	3	7
Raps, grün	0	10
Stallmist, unreif	1	9
Stallmist, reif	3	7
Rapswurzeln	6	4
Weizenwurzeln	5	5

Das Verhalten der Tiere war eindeutig. Wurde ihnen Wurzelmasse als Nahrung angeboten, dann war es gleichgültig, ob dieselbe im Boden oder oben aufgebreitet zu finden war. Oberirdische Blattmasse und auch Stallmist wurden, oben dargeboten, bevorzugt. Eingebrachter Grünmasse wichen die Tiere sichtlich aus.

Diese Versuche bestätigen Feststellungen von H. FRANZ, der die in den Acker eingebrachten Stallmistnester wieder ausgrub und ihre Kleintierbesiedlung untersuchte. Entgegen allen Erwartungen lebten die Tiere des Düngerstapels auch in den Düngernestern im Boden weiter, während die bodenständigen Kleintiere das ihnen zugedachte Futter nicht annahmen. Im gleichen Sinne konnte K. MAIWA.LD feststellen, dass auch die Mikroorganismen des Düngers im Düngernest weiterleben, während von einer Förderung der bodenständigen Mikroben kaum etwas zu sehen war. Die tief in den Boden eingebrachte organische Substanz, gleichgültig, ob es sich um Stalldünger, Grünmasse, Wurzel- oder Stoppelrückstände handelt, bleibt also lange Zeit hindurch im Boden als Fremdkörper liegen und dient nicht als Nahrung für die Bodenorganismen, sondern zehrt sich selbst auf, ohne Nutzen zu bringen.

Es ist nicht so schwer, die biologisch richtigen Maßnahmen am Acker zu treffen, wenn man sich die Natur zum Vorbild nimmt. Am Boden des natürlichen Graslandes steht der Tod neben dem Leben, und während eine Pflanze sich eben entfaltet, bricht daneben eine abgestorbene zusammen. Es bildet sich eine Streuschicht von Pflanzenleichen, unter denen man alle Stadien von der Verrottung bis zur vollkommenen Vererdung verfolgen kann. Unter dieser Streuschicht findet ein sehr intensives Bodenleben, eine abgestimmte Gemeinschaft von Mikroflora und Mikrofauna statt. Es wurde wiederholt darauf verwiesen, wie die Bodentiere, vor allem die Regenwürmer, den Boden lockern und ihn durchmischen. Was am Acker mühsam durch die Bearbeitung erreicht wird – die Erzeugung der Krümelstruktur –, ist im natürlichen Boden die Leistung der Bodentiere. Und die Mikroben verbauen diese Krümel und kleiden sie mit Humustapeten aus, sodass eine Gare entsteht, wie sie auf keinem Acker so vollendet angetroffen wird. Auch die Verteilung des Humus besorgen diese kleinen Arbeiter so fein, wie sie kein Gerät zustande bringt.

Wenn auch am Acker diese natürlichen Bedingungen nicht vorherrschen und durch die Monokulturen, die periodische Austrocknung der Krume, die schlechtere Wasserführung, der geringere Anfall an Wurzelmasse, die ständige Störung der Krume durch die Ackerung und anderer Nachteile, man sich immer mehr davon entfernt, so muss es das oberste Ziel der Bodenwirtschaft sein, wieder den Weg zurück zur Natur zu finden. Das gelingt aber nur, wenn das dezimierte Kleintierleben am Acker wieder in Gang gesetzt wird, also die Bodentiere und Mikroben als Humuserzeuger wieder mobil gemacht werden. Der entscheidende Punkt, an dem der Hebel angesetzt werden muss, liegt darin, der „Arbeitsgemeinschaft Mikroflora-Mikrofauna" einen ihnen zusagenden Futterplatz einzurichten, damit sie sich ausgiebig vermehren und für den Menschen arbeiten.

Es gelingt auch am Acker eine wirksame Belebung der Kleintierwelt, wenn die oberirdischen Pflanzenrückstände und der Stallmist nicht einfach eingeackert, sondern seicht eingebracht werden, damit eine mit organischer Substanz reich durchsetzte Krümeldecke entsteht. Diese Krümeldecke ist eine Nachbildung der natürlichen Streuschicht der Wiese und des Waldes. Sie ist Schutz, Lebens- und Futterplatz der Bodenflora und -fauna.

Diese organische Krümeldecke scheint das Kernproblem der zukünftigen Humuswirtschaft zu werden, denn:

1. Erreicht man dort, wo der Regen aufprallt und die Dichtschlämmung des Bodens in erster Linie einsetzt, eine besonders intensive Lebendverbauung der Krümelstruktur und erleichtert alle Maßnahmen, die der Offenhaltung des Bodens dienen.
2. Erreicht man eine dichte Besiedlung des Ackers mit Bodentieren und Mikroben, die
   a) Dauerhumus erzeugen,
   b) den Kohlenstoffumsatz steuern und
   c) an der Lockerung des Bodens dauernd mithelfen.

Die Krümeldecke muss ein ständiger Bestandteil der Ackerkrume werden, wie die Streuschicht einen Bestandteil des natürlichen Bodenprofils darstellt und sie kann immer angelegt werden, sooft organische Substanz in den Boden kommt. Man soll darin immer konsequent bleiben und sagen: die Wurzelmasse gehört dem Boden, die Blattmasse gehört der Krümeldecke.

Schon die Schälfurche bietet Gelegenheit, eine organische Krümeldecke zu erzeugen, indem die Stoppelreste nur ganz seicht in den Boden eingemischt werden.

Besonders aber gibt die Garedecke Gelegenheit, diese Forderung zu erfüllen. Ihre Aufgabe erschöpft sich ja nicht nur darin, im Boden hochwertige Wurzelmasse zu erzeugen und damit eine Garebildung einzuleiten. Ihr zweiter und nicht weniger wichtige Vorteil ist, dass die Blattmasse zu einer organischen Krümeldecke verarbeitet wird, die dem Acker noch zur Nachfrucht erhalten bleibt. Damit ist die Humusbildung am besten garantiert und sichert der folgenden Frucht noch eine offene Oberfläche. Handelt es sich bei der Folgefrucht um einen Hackfruchtschlag, so bedeutet das eine wesentliche Erleichterung der sonst so mühsamen Hackarbeit und auch die Arbeit der maschinellen Vereinzelung (Dinner) findet bessere Bedingungen vor. Mit der Bereitung der organischen Krümeldecke am Hackfruchtschlag engagiert man ein Heer fleißiger Landarbeiter, denn keine noch so sauber ausgeführte Hackarbeit vermag die Krume so zu lockern, wie dies die Bodentiere tun.

Man muss nur bestrebt sein, die Garedecke ziemlich nieder zu halten, damit nicht zu viel Blattmasse entsteht. Bei häufigen Regenfällen oder besonders raschwüchsigen Pflanzen kommt es aber immer wieder vor, dass der Bestand zu hoch wird. Dann hilft man sich, indem man mit den Mähbalken darüber fährt und die Grünmasse am Acker belässt. Diese „Mulchschicht" ist noch ein weiterer Schritt zum Ziel, denn auch da wird lebende und tote Substanz vereinigt. Oder man fährt vor dem Ackern mit einer raschfahrenden Scheibenegge übers Feld, bricht die Gründecke nieder und lässt etwas anwelken, weil damit die Blattmasse ihre Sperrigkeit verliert. Die seichte Einbringung der Grünmasse muss aber gewahr bleiben; selbst wenn hin und wieder auf dem Acker noch Pflanzenreste ersichtlich sind, ist das viel sauberer, als wenn man alles mit dem Pflug in den Boden würgt und die übelriechenden Grünzeugpakete noch in nächsten Jahr anzutreffen sind.

Und wie steht es mit der Einbringung des Stalldüngers? Selbst bei sorgfältigstem Breiten von Hand aus konnte es bisher nicht verhindert werden, dass faustgroße Düngerpatzen, wie schon erwähnt, nutzlos für das Bodenleben vertorften oder veratmet wurden. In vielen Fällen glich die Stallmistverwertung einer Stallmistvernichtung. Eine noch so arbeitsaufwendige Mistpflege konnte nicht verhindern, dass am Feld nur ein Teileffekt zu erwarten war, weil die Aus- und Unterbringung Unzulänglichkeiten aufwies.

Mit dem Stallmiststreuer ist das Problem der gleichmäßigen Verteilung gelöst. Damit ist die Ausnutzung (Produktivität) des Düngers bedeutend gesteigert. Arbeitstechnisch bringt der Stalldüngerstreuer viele Vorteile, vor allem wird die bisherige Arbeitsspitze der Düngerausfuhr gebrochen und auf eine viel größere Zeitspanne auseinander gezogen. Solange man den Dünger mit der Gabel breitete, musste sofort eingeackert werden. Das fällt jetzt weg und man hat durch diesen feinen Stalldüngerteppich erneut einen Schutz für die Bodenorganismen. Diese Koppelung von Düngerausfuhr und Unterbringung überbrückt auch die Gefahr, bei ungünstigen Bodenverhältnissen den Dünger einzuschmieren. Vom Standpunkt der Bodenpflege bedeutet es einen unerhörten Fortschritt, den Dünger als „Stallmistteppich" in die Pflanzenbestände einzubreiten. Die Nachbildung der natürlichen Streuschicht wird damit vorbildlich erreicht.

Eine weitere Verbesserung ist die Mistbereitung mit gehäckselter Streu. Damit wird nicht nur die Mechanisierung der Stallmistkette gefördert, sondern auch die Qualität des Mistes verbessert, da durch den Häckselmist im Stall möglichst aller Harn aufgesaugt wird. Zugleich eröffnen sich mit dem Fortschritt noch weitere Möglichkeiten, die Stallmistwirtschaft erheblich zu vereinfachen. Es wird immer wieder die Frage aufgeworfen, ob ein Stallmist, der praktisch die gesamte Jauche festhält, also ein enges C : N-Verhältnis aufweist, noch einer Reife am Düngerstapel bedarf. Mit anderen Worten: kann der stickstoffreiche Häckselmist nicht ohne Verrottung aufs Feld gebracht werden? Diese Frage ist von großer praktischer Bedeutung, weil die Vorratswirtschaft am Stapel immer organisatorische Verlegenheiten mit sich bringt und zu all dem noch mit unvermeidlichen Substanzverlusten verbunden ist. Die Stallmistrotte ist in der Tat eine Verschwendung von Nährhumus, und es wäre eine große Erleichterung, wenn man im Idealfall den Dünger vom Stall aus unmittelbar auf den Düngerstreuer verladen oder doch wenigstens auf Feldmieten ausfahren könnte. Aber wie verhält es sich mit der Stickstoffzehrung des frischen Düngers im Boden? Bekanntlich wird von unverrottetem Dünger dem Boden vorübergehend Stickstoff entzogen, der dann der Pflanze fehlt, sodass Ertragseinbußen entstehen. Es ist nicht anzunehmen, dass dieser unerwünschte Effekt durch den höheren Harngehalt des Häckselmistes aufgewogen wird, denn es wurde auch bei den sehr streuarmen Misten des Berglandes die gleichen Ertragsdepressionen gefunden, obwohl hier das C : N-Verhältnis im Frischmist noch günstiger liegt. Doch scheint dieses Problem nur so lange von Bedeutung zu sein, als man an der tiefen Einbringung des Mistes festhält, d. h. den Dünger in den Konkurrenzbereich der Pflanzenwurzel legt. Geht man aber zur Stallmistkrümeldecke über, dann vollzieht sich die Düngerrotte in der Oberflächenschicht des Ackers und dürfte daher die abwärtsstrebenden Wurzeln kaum beeinflussen. Doch sind die Untersuchungen diesbezüglich noch nicht abgeschlossen und es muss genau geprüft werden, bevor die Anwendung unreifen Häckselmistes für die Praxis empfohlen wird.

Die Umstellung von Langstrohmist auf Häckselmist kann nicht von heute auf morgen erfolgen; sie hängt auch vielfach von den baulichen Gegebenheiten des Hofes ab. Bis zur Verwirklichung des gesteckten Zieles soll aber mit allen Mitteln an einer Zwischenlösung gearbeitet werden. Schon geschnittenes Stroh bringt wesentliche Vorteile im Stall und auf der Düngerstätte. Es erleichtert insbesondere die Einbringung des Düngers in den Boden, denn die möglichst seichte Unterbringung muss gewahrt bleiben. Tiefer als 15 cm soll Mist unter keinen Umständen im Boden liegen, d. h. er muss e i n g e s c h ä l t werden. Langstrohiger Dünger bereitet immer Schwierigkeiten bei der Einbringung, und es besteht die Gefahr, dass er paketartig im Boden liegen bleibt und nicht nur nutzlos veratmet, wie oben beschrieben, sondern auch die Wasserzirkulation und Wurzelausbildung stört.

Hochwertiger Mist wird auch im Tieflaufstall erzeugt. Durch den Tritt des Viehs wird das Stroh vielfach geknickt und mit Harn und Kot gleichmäßig durchsetzt. Die Rotte wird beschleunigt und ein enges C : N-Verhältnis ist gegeben.

Rückblickend soll festgestellt werden, dass die künftige Humuswirtschaft im Zeichen der o r g a n i s c h e n K r ü m e l d e c k e stehen wird. Nachdem sich die bisherige Entwicklung sehr weit von den natürlichen Verhältnissen des Humushaushaltes entfernt hatte, muss man der Natur wieder näherkommen. Es soll nicht unerwähnt bleiben, dass die organische Krümeldecke keine neue Erfindung darstellt, sondern Vorgänger im Ausland hat. Schon 1943 ist H. FAULKNER in den Getreidegebieten Nordamerikas und noch früher A. MANNINGER in Ungarn für eine ähnliche Oberflächenbehandlung des Ackers eingetreten. Auch W. LAATSCH, dem man entscheidende Fortschritte der Humusforschung zu danken hat, sieht in der seichten Einmischung der organischen Substanz eine Förderung der Humusbildung im

Boden. Wenn auch die Erfahrungen des Auslandes nur vorsichtig auf unser Gebiet übertragen werden dürfen, so erhält man doch eine gewisse Sicherheit darin, dass mehrere Forscher unabhängig voneinander zu den gleichen Forderungen gelangen.

Die naturgemäße Pflege der Ackeroberfläche ist ohne Zweifel entscheidend für die Bodenfruchtbarkeit; nicht minder aber die Pflege zwischen Krume und Untergrund. Oberflächenbehandlung und Tiefkultur müssen daher sinngemäß ineinander greifen; **Humuspflege und Bodenbearbeitung haben daher sehr viele gemeinsame Aufgaben.**

Es wurde erläutert, dass die Humusstoffe im Boden selbst entstehen müssen, wenn sie das Bodengefüge festigen sollen. Versuche, dem Boden fertigen Humus zur Verfügung zu stellen, haben nicht den gewünschten Erfolg gebracht. Man hat dem Düngerstapel mineralische Tonsubstanz (Lehm) beigegeben und dort eine Bildung von Tonhumuskomplexen erreicht. Auch die Kompostbereitung arbeitet in diesem Sinne. Aber dieser fertige Dauerhumus wurde nicht in das Bodengefüge eingebaut. Zwei Jahre lang wurden die in den Boden eingebrachten Kompost- und Stallmistteilchen beobachtet und festgestellt, dass sich wohl in der Umgebung der Humusteilchen eine dichte Ansiedlung von Mikroorganismen (vornehmlich Strahlenpilze) bildete, von denen die organische Substanz abgebaut wird, aber von einer Humuseinwanderung in das Bodengefüge konnte nichts bemerkt werden.

Es wäre eine einseitige Betrachtung des Humusproblems, wollte man nur die Besserung der Bodenstruktur herausstellen. Die andere Seite liegt auf dem Gebiet der Pflanzenernährung. Wie W. LAATSCH darlegt, enthalten die Humusstoffe Stickstoff, Phosphorsäure und wichtige Spurenelemente in organisch gebundener Form und geben diese Pflanzennährstoffe in biologisch abgestimmter Dosierung an die Pflanze in dem Maße ab, als der Humus im Boden ersetzt wird. Diese Zersetzung verläuft an warmen Tagen schneller als an kühlen, d. h. die Nährstoffbelieferung der Pflanze passt sich ganz ihrem täglichen Nährstoffbedarf an. Es kommt nie zu einem Überangebot und jenen „Nährstoffstößen", die man bei der Düngung kaum vermeiden kann. Dieses biologische Gleichgewicht zwischen Nährstoffbedarf und Nährstoffangebot ist nicht bloß für die Gesundheit der Pflanze, sondern auch für ihren biologischen Nährwert von großer Bedeutung. Der Humus ist der ideale Nährstoffträger.

Die Untersuchung des Bodens auf seinen Düngerzustand ist heute bereits Allgemeingut der Landwirtschaft geworden, denn ohne eine solche Untersuchung ist eine planmäßige Düngung unmöglich. Leider fehlte es bisher an einer ähnlichen Grundlage für die Humuswirtschaft. F. SEKERA ist es nach langjähriger Entwicklungsarbeit gelungen, eine Methode zu finden, die es erlaubt, auch den Humuszustand des Bodens zu testen. Die Humuskontrolle geht von der Forderung aus, dass:

1. dem Boden ausreichende Mengen an organischer Substanz als Futter für die Bodenkleintiere und Mikroben angeboten werden muss, und

2. Sorge getragen werden muss, dass die Bodenorganismen das ihnen gebotene Futter produktiv verwerten.

Damit beantwortet die Humuskontrolle zwei Fragen:

1. Wie viel Organismenfutter ist im Boden vorhanden?
2. In welchem Ausmaß wird es zu Humus verarbeitet?

Dabei werden die in Zersetzung begriffenen Organreste einer dem Acker entnommenen Bodenprobe isoliert und gewichtsmäßig festgestellt. Jene organischen Bodensubstanzen, die bereits als Gefügeelement des Bodens mit den mineralischen Teilchen aggregiert sind, werden dabei nicht erfasst. Die gewonnene organische Substanz wird dann einer mikroskopischen Betrachtung zugeführt. Damit kann man das Nebeneinander von endogener Humusbildung durch die Bodentiere und von exogener Humusbildung durch die bodenständige Mikroflora studieren.

Die so gewonnenen Organausstriche lassen zunächst je nach der Menge der Organreste qualitative Unterschiede von Boden zu Boden erkennen. Erst ihre mikroskopische Durchsicht lässt aber die Vielfalt der Humusformen und die verschiedenen Stadien der Humusbildung unterscheiden. Man sieht:

1. Unzersetzte, noch frische Organreste (Wurzel- und Stoppelreste).
2. Weitgehend zersetzte, mineralisierte Organreste ohne Humusbildung.
3. Verschieden stark humifizierte Organteilchen, deren Zellverband noch erkennbar ist (exogene Humusbildung).
4. Koprogene Ablagerungen von Bodentieren an den Organresten (endogene Humusbildung).
5. Schwarze Humusaggregate ohne erkennbare Gewebestruktur.
6. Schlackenartige bis kohlige Teilchen.

Neben den Organresten enthalten die Ausstriche vereinzelt Kleintierleichen und zahlreiche Zysten. Bei der Begutachtung der Ausstriche muss man sich darüber im Klaren sein, dass sie jeweils nur einen zeitlichen Ausschnitt aus dem im Boden ablaufenden Abbauprozess erfassen und daher zeitlich aufeinanderfolgende Beobachtungen erst einen Einblick in das organische Geschehen des Bodens vermitteln. Dennoch sind vergleichende Untersuchungen verschiedener Standorte aufschlussreich, sofern sie nur zu gleicher Zeit gewonnen werden. Die Untersuchung der Humusneubildung gab z. B. auf einem Acker und dem dazugehörigen Ackerrain folgendes Bild (Abb. 36).

Mit dieser Methode ist ein Einblick in die organische Versorgung des Bodens gegeben. In der Praxis können dann jederzeit jene Felder übersehen werden, wo zu wenig Organismenfutter im Boden liegt und jene, wo die Humusneubildung zu schwach ist. Dort kann dann in erster Linie nachgeholfen werden. Wie die Nährstoffkontrolle, so soll auch die Humuskontrolle in einem gewissen Turnus wiederholt werden; nicht bloß um den Erfolg der Pflegemaßnahmen zu kontrollieren, sondern auch deshalb, weil man aus solchen Wiederholungen der Untersuchungen am besten ersehen kann, auf welche Maßnahmen der einzelne Acker am ergiebigsten anspricht.

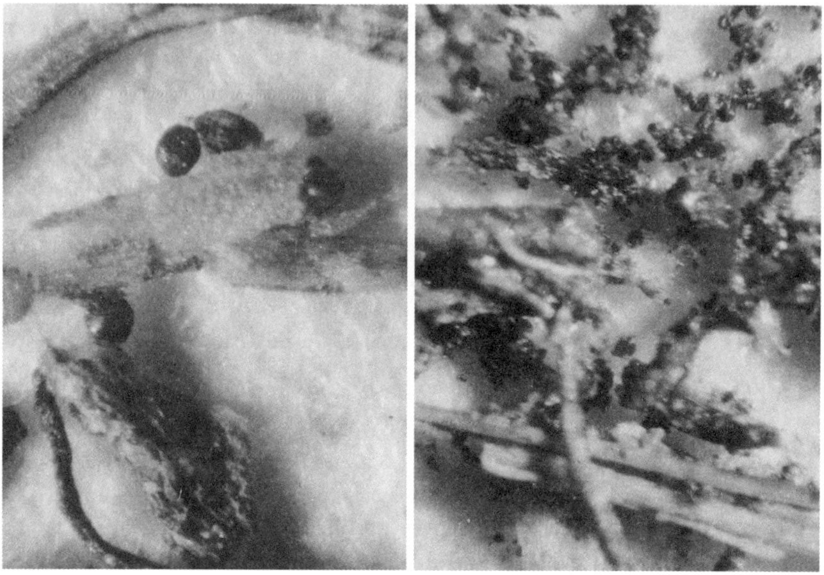

Abb. 36
Humusneubildung am Acker und Ackerrain

Bild links: Acker: Die Gesamtmenge der anfallenden Organreste ist sehr gering. Sie sind weitestgehend zersetzt und verkieselt, weisen aber keine Humusbildung auf. Einzelner koprogener Humus ist vorhanden. Das Ergebnis ist ein rascher Abbau der Ernterückstände ohne Humusneubildung.

Bild rechts: Ackerrain: Der Ausstrich ist reich an Organresten. Neben viel koprogener Humusbildung sind alle Übergänge von schwacher bis starker exogener Humifizierung ersichtlich. Das Ergebnis ist eine ausreichende Versorgung mit organischer Substanz und eine gute Humusneubildung.

Die Ursachen der Bodenmüdigkeit

Mit vielen, in der Landwirtschaft gebräuchlichen Ausdrücken geht es so, dass sie mit der Zeit ihre Bedeutung wechseln und erst allmählich einen eindeutigen Inhalt bekommen. So war seit alters her der Begriff „Bodenmüdigkeit" der Ausdruck für das Absinken der Erträge, ohne dass man im Einzelnen die Ursachen des Verfalles kannte.

Oft war es eine Verarmung des Bodens an Nährstoffen, oft eine Störung im Wasserhaushalt, oft ein Schädlingsbefall, der die Verringerung der Erträge bedingte. Wenn diese Mängel erkannt werden, kann man sie heute schon wirksam bekämpfen. Aber es kommt auch vor, dass die Pflanzen ohne sichtbaren Grund kümmern und man keinen dauernden Erfolg zu erzielen vermag, solange nicht die Ursachen dieser Erscheinungen erkannt werden. Diese **Ursachen sind aber im gestörten Zusammenleben der Pflanze mit den Bodenorganismen zu suchen.**

Es ist verständlich, dass sich die Pflanze irgendwie mit den im Boden lebenden Organismen zu einer Lebensgemeinschaft verbindet, denn die Pflanze dringt ja unmittelbar in den Lebensraum der Mikroflora und Mikrofauna des Bodens ein. Man muss dabei soziologisch denken und darf nicht den Einzelorganismus getrennt betrachten, der für sich gar nicht lebensfähig, sondern immer auf eine artfremde Gesellschaft angewiesen ist. Heute weiß man, dass Pflanze, Mikroflora und -fauna im Boden eine biologische Organisation (Biozönose) bilden, in der jeder einzelne Partner nicht bloß nehmender, sondern auch gebender Teil ist. Man weiß auch, dass diese biologische Organisation aus dem toten Gestein den fruchtbaren Boden entstehen lässt und dass sich selbst in der so naturwidrig aussehenden Hydroponik ein Zusammenleben der Pflanze mit Mikroorganismen aller Art einstellt.

Am sinnfälligsten wird das Zusammenleben der Pflanze mit den Bodenorganismen in der nächsten Umgebung der Wurzel – in der R h i z o s p h ä r e. Hier kommt es zu einer dichten Ansiedlung von Pilzen und Bakterien. Die Wurzel hüllt sich förmlich in einen Organismenmantel ein und macht so die Notwendigkeit eines Zusammenlebens besonders anschaulich.

Dieses Zusammenleben von Pflanze und Bodenorganismen beruht auf Gegenseitigkeit, also auf einer S y m b i o s e. Während die Wurzel ständig organische Stoffe ausscheidet und Zellen abstößt, also den Mikroorganismen Futter liefert, helfen umgekehrt die Organismen der Pflanze durch die Aufschließung der Nährstoffe. Sehr wahrscheinlich tauschen Pflanzen und Organismen auch Wirkstoffe aus, deren Bedeutung man im Einzelnen noch nicht kennt.

Diese symbiotische Rhizosphäre findet man in jedem naturbelassenen Boden und auf gesunden Äckern, d. h. in Böden mit einer formenreichen

Organismengesellschaft, in denen Bakterien, Pilze und Bodentiere ihre arteigenen Förder- und Hemmstoffe erzeugen und sich durch diesen vielseitigen Wirkstoffkomplex gegenseitig in Schach halten. Eine einseitige Vermehrung einzelner Partner ist ausgeschlossen, man spricht daher mit Recht von einem biologischen Gleichgewicht.

Auf vielen Äckern aber findet sich eine völlig veränderte Lage. Je einseitiger nämlich die Ackerfruchtfolge wird, umso einseitiger und formenärmer wird auch die Organismengesellschaft im Boden. Man kann geradezu von einer Entsozialisierung des Bodenlebens sprechen; das biologische Gleichgewicht ist gestört. Wie einschneidend der Verfall des Bodenlebens am Acker ist, wurde schon im Humuskapitel gezeigt, es soll hier nur noch einmal an die rapide Abnahme der Bodenorganismen erinnert werden, wenn eine Wiese umgebrochen wird (Abb. 31, Seite 56).

Die mit der Ackernutzung fortschreitende Verarmung der Lebensgemeinschaft würde noch krasser zum Ausdruck kommen, wenn auch die Bodentiere (Würmer, Milben, Springschwänze usw.) in den Untersuchungsbefunden aufschienen.

Wie wirkt sich diese Entsozialisierung des Bodenlebens auf die Pflanze aus? Um diese Frage zu klären, wurde in Abb. 37 ein schematisches Bild der Rhizosphäre gezeichnet.

Links ist die symbiotische Form dargestellt, die durch eine dichte Ansiedlung von Bodenorganismen an der Wurzel und ihrer nächsten Umgebung gekennzeichnet ist. Dort kann die Wurzel den Organismen ständig Nahrung liefern, indem sie ständig Zellen abstößt und organische Stoffwechselprodukte ausscheidet. Anderseits fördern die Organismen die Nährstoffmobilisierung und helfen damit der Nährstoffversorgung der Pflanze. Das rechte Bild zeigt aber, dass es auch zum Parasitismus ausarten kann, wenn die Organismen in das Wurzelgewebe einbrechen, sich dort vermehren und die Wasser- und Nährstoffaufnahme stören.

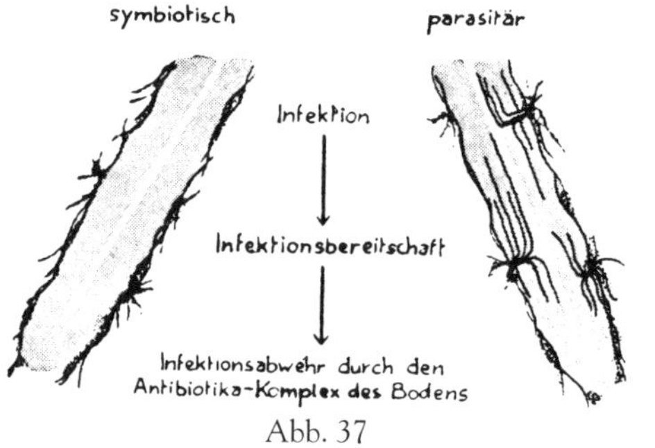

Abb. 37

Schematische Darstellung der symbiotischen und parasitären Rhizosphäre
Links: Bodenorganismen siedeln sich an der Wurzel an und leben mit ihr in einer nützlichen Symbiose
Rechts: Bodenorganismen brechen in das Wurzelgewebe ein und werden zu Parasiten

Diese Wurzelverpilzung wurde schon vielfach beobachtet und besonders von A. WINTER und seinen Mitarbeitern eingehend studiert. Viele Autoren, u. a. A. HOWARD, glaubten in dieser Erscheinung eine nützliche Symbiose zwischen Pflanzen und Pilzen zu sehen, ähnlich der an den Wurzeln der Waldbäume auftretenden Mykorrhiza. So ist auch ihre ursprüngliche Aufgabe gedacht; aber in zahlreichen Fällen kommt es bei den Kulturpflanzen zu Entartungen, und es handelt sich dann nicht mehr um eine Symbiose, sondern einen Parasitismus in der Rhizosphäre. Es liegt durchaus in der Natur der Erscheinung, dass es zwischen diesen beiden Stadien keine scharfe Grenze gibt, und man alle möglichen Übergänge beobachten kann.

Oft tritt die Verpilzung der Wurzel nur vorübergehend auf, vor allem während der Dürrezeit. Es geht mit dieser Erscheinung eine allgemeine Schwächung des Wurzelsystems einher, und man gewinnt daher den Eindruck, dass die Pflanze in ihrer Entwicklung zurückbleibt, ohne offensichtlich krank zu sein. Zweifellos drosselt ein Angriff der Pilze auf die Leitgefäße deren Arbeitsfähigkeit, d. h. die Wasser- und Nährstoffaufnahme. Man hat es hier jedenfalls mit einem gestörten Zusammenleben der Pflanze mit den Bodenorganismen zu tun und muss feststellen, dass es sich hier um eine sehr allgemein verbreitete Form der Bodenmüdigkeit handelt, deren man sich bis jetzt nicht bewusst war.

Über die Ausbreitung dieser Bodenmüdigkeit erhielt man erst Aufschluss, als es F. SEKERA gelang, mit dem Dunkelkeimversuch den Boden zu testen und festzustellen, ob er eine symbiotische oder parasitäre Rhizosphäre ausbildet. Ausgehend von der Tatsache, dass bei der Keimung von Samen unter Lichtabschluss die Assimilation ausgeschaltet wird, beobachtet man je nach dem Boden, der als Keimmedium verwendet wird, einen unterschiedlichen Verlauf der Keimung. Entweder ist die Entwicklung der Dunkelkeime normal und sie verfallen, bis die Reservekörper, die dem Samen innewohnen, aufgezehrt sind, nach 8 bis 10 Tagen der Autolyse, oder die Keimpflanzen unterliegen noch während des Längenwachstums einer tödlichen Infektion und brechen nach kurzer Zeit zusammen. Die genauere Untersuchung, ob es sich um eine Infektion oder Autolyse handelt, erfolgt mikroskopisch. Zahlreiche Versuche an Grünland-, Acker- und Ackerrainböden, sowohl in der Krume als auch im Untergrund, gaben die Gewissheit, dass die Ursache der Bodenmüdigkeit in der Eintönigkeit der Fruchtfolge liegt, denn gerade in den Intensivbetrieben, die nur noch Rübe, Gerste und Weizen bauen, findet man die parasitäre Rhizosphäre am ausgeprägtesten. Zugegeben, eine gehemmte Nährstoffaufnahme der Wurzel kann durch eine gesteigerte Düngergabe innerhalb gewisser Grenzen wettgemacht und die Bodenmüdigkeit scheinbar überwunden werden. Aber niemand wird bestreiten wollen, dass eine gesunde Wurzel die Düngung doch noch besser verwerten kann. Die Kulturpflanzen reagieren verschieden empfindlich auf die Bodenmüdigkeit. Während Rübe und Gerste außerordentlich anfällig dafür sind, scheint Roggen und Hafer wesentlich robuster.

Es ergibt sich nun die Frage: **Was veranlasst die Bodenorganismen Parasiten zu werden?** Eine Infektion der Wurzel ist infolge der dichten Ansiedlung von Organismen jedenfalls gegeben. Ob die Infektion aber in das Wurzelgewebe eindringt und sich dort gefährlich ausbreiten kann, hängt von der Infektionsbereitschaft der Pflanze ab, d. h. ob das lebende Gewebe einen günstigen Nährboden für die angreifenden Keime darstellt. Am Acker ist eine solche Infektionsbereitschaft wiederholt vorhanden, denn jede Periode passiver Wasserbilanz und jedes Überangebot von löslichem Stickstoff (Stickstoffstoß) bedingt eine Anreicherung des Gewebes mit Aminosäuren und Eiweißspaltprodukten, die eine ausgezeichnete Kohlenstoff- und Energiequelle für Mikroorganismen darstellen. Ob nun bei gegebener Infektionsbereitschaft eine Infektion durchgreift und sich im Gewebe ausbreitet, hängt letzten Endes von der Infektionsabwehr der Pflanze ab. Diese Infektionsabwehr ist aber nur gegeben, wenn die Pflanze aus der Biozönose des Bodens ausreichend mit Abwehrstoffen (Antibiotika) versorgt wird. Ein gesunder Boden ist mit seiner formenreichen Organismengesellschaft eine natürliche „Antibiotikafabrik", aber diese Fabrik tritt in dem Maße in den Streik, als man mit einer eintönigen Fruchtfolge einen Verfall der Lebensgemeinschaft im Boden verschuldet und auch die Organismengesellschaft einseitig wird. Dann erhält die Pflanze vom Boden nicht mehr die nötigen Abwehrstoffe geliefert und fällt einem infektiösen Angriff der Bodenorganismen zum Opfer.

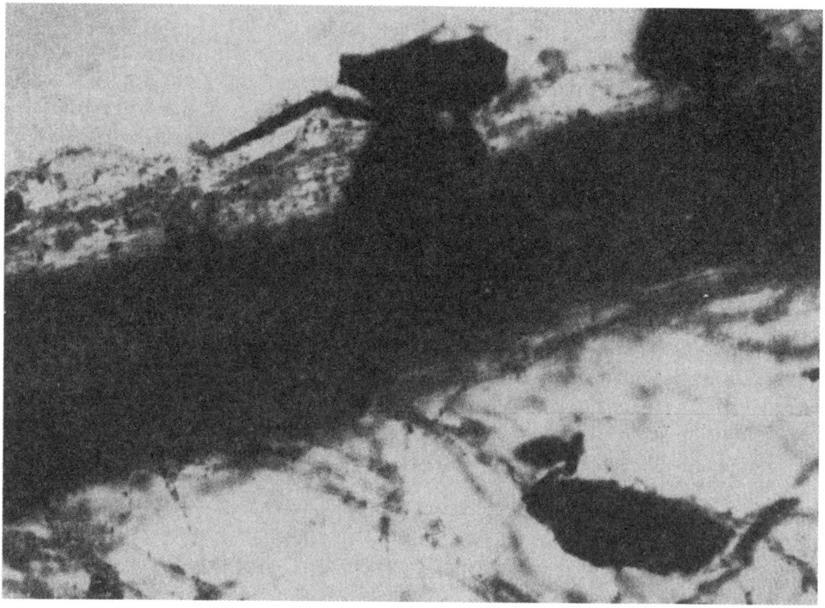

Abb. 38
Rhizosphäre einer sieben Tage alten Kressenwurzel (100 mal vergrößert)

Wie sich bereits in der jungen Keimpflanze eine Rhizosphäre ausbreitet, die je nach dem Abwehrfaktor des Bodens eine symbiotische oder parasitäre Form annimmt, soll durch folgende Mikroaufnahmen belegt werden.

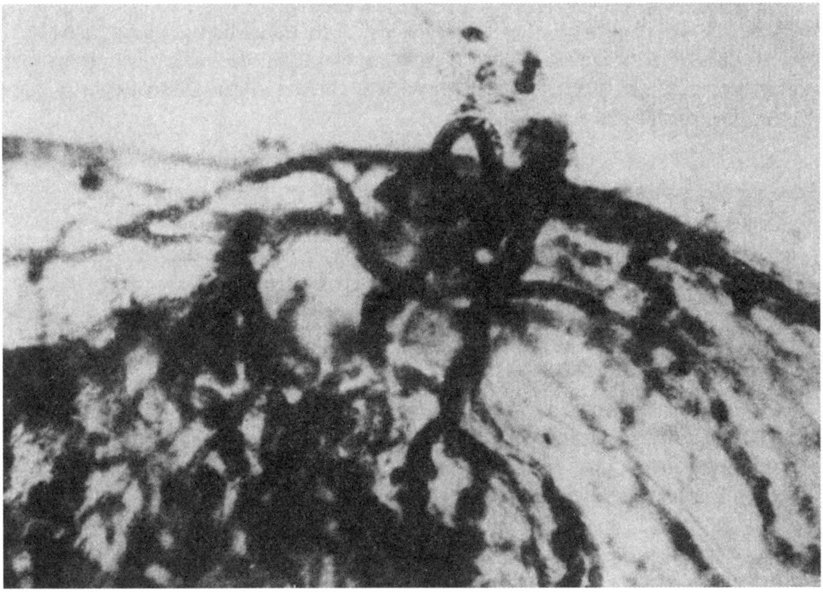

Abb. 39
Parasitäre Rhizosphäre einer drei Tage alten Kressenwurzel. Einbruch von Pilzhyphen in das Wurzelgewebe (100 mal vergrößert)

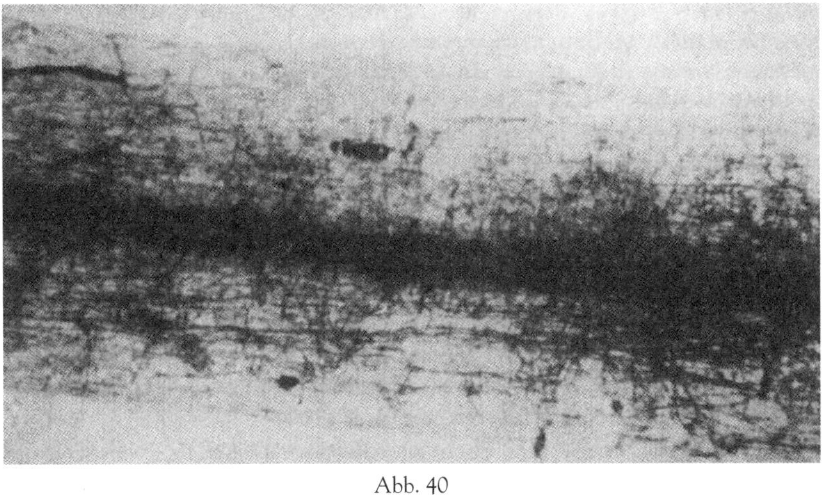

Abb. 40
Parasitäre Rhizosphäre, Gartenkresse nach drei Tagen, Sprossbasis, von Pilzhyphen durchwachsen (100 mal vergrößert)

Abb. 38 zeigt eine symbiotische Rhizosphäre einer Kressenwurzel. Sieben Tage lang wurde das Keimwachstum in dem Boden eines Ackerraines beobachtet, ohne dass es zu einer Infektion der Wurzel kam. Dann ist die Keimpflanze der Autolyse unterlegen.

In der Abb. 39 wurde eine Kressenwurzel in dem dazugehörigen Ackerboden beobachtet. Schon nach drei Tagen drangen die Pilzhyphen in das Wurzelgewebe ein; der Boden hatte zu wenige Abwehrstoffe, um der Infektion standzuhalten.

Die Abb. 40 stellt an der gleichen Pflanze die Ausbreitung der Pilzhyphen im Sprossgewebe (Sprossbasis) mit einer deutlich sichtbaren Umklammerung und Durchdringung der Leitgefäße dar.

In den USA hat man angeblich mit Erfolg versucht, die fehlenden Abwehrstoffe aufzusprühen. Wenn man aber bedenkt, dass die Arbeit am Acker schon sehr einer Drogerie gleicht, dann ist es doch besser, diese Dinge gleich an der Wurzel zu fassen, statt vorübergehenden Erfolgen mit Teillösungen nachzujagen.

Man muss die „Antibiotikafabrik" wieder in Betrieb setzen. Das kann man trotz eintöniger, intensiver Fruchtfolge durch die Einschaltung von Zwischenfrüchten und Gründecken in die Vegetationspausen der Hauptfruchtfolge. Das gibt an sich eine erfreuliche Abwechslung für den Boden, besonders dann, wenn nicht nur Reinsaaten, sondern Mengsaaten Verwendung finden. Diese bieten dem Boden wenigstens vorübergehend eine Pflanzengesellschaft. Bei den Zwischenfrüchten bedient man sich ja schon lange einer Mischung verschiedener Pflanzen, aber auch bei den Gründecken ist mit der Kleegrasdecke ein guter Anfang gemacht. Ein weiterer Schritt ist die Kombination von lebender und toter Pflanzendecke in den verschiedensten, schon dargestellten Varianten. Es kommt darauf an, dem Boden möglichst vielartige organische Masse verschiedener Rottegrade anzubieten, um auf dem Acker ein geordnetes Bodenleben wieder in Gang zu bringen. Auch hier sei wieder an den Aufbau der Organismengesellschaften (Abb. 32, Seite 57) erinnert und noch einmal betont, dass nur eine formenreiche Organismengesellschaft die „Antibiotikafabrik Boden“ wieder in Gang bringen und damit die Bodenmüdigkeit beheben kann. Das ist kein Teilerfolg, denn mit den gleichen Maßnahmen erhält man eine ausgezeichnete Gare und einen geordneten Humushaushalt.

Es soll das Kapitel über Bodenmüdigkeit nicht abgeschlossen werden, ohne noch ein Wort über die Nematodengefahr, die Ursache der Rübenmüdigkeit, zu verlieren. Der in vielen Intensivgebieten auf ein Drittel der Ackerfläche ausgedehnte Rübenbau musste früher oder später zu einer gefährlichen Verseuchung des Bodens mit Rübennematoden (Heterodera schachtii) führen. Diese Verseuchung ist in einzelnen Gebieten so arg, dass der Rübenbau vor einer akuten Krise steht. Dieses Problem gewann in neuerer Zeit besondere Bedeutung, nachdem gerade die bedrohten Intensivbetriebe daran interessiert sind, ihre eintönigen Fruchtfolgen durch die Einschaltung von kurzfristigen Rapsbeständen (LIHO-Raps und Rapsgründecken) zu beleben und dem fortschreitenden Gareschwund der Äcker Einhalt zu gebieten. Es wurde auf die Gefahr hingewiesen, dass der Rübennematode alle Kreuzblütler als Wirtspflanzen annimmt und sich unter Umständen auch unter kurzfristigen Rapsbeständen vermehren könne. In Österreich konnte man in 16jähriger Beobachtungszeit niemals einen Nematodenbefall an Rapsdecken feststellen, aber im Jahre 1954 – das sich durch abnorme Witterung auszeichnete – wurde in Norddeutschland ein solcher gemeldet. Dieser Alarmruf veranlasste F. SEKERA, das Nematodenproblem vom Standpunkt des Bodenbiologen aus zu beleuchten.

Die bedrohten Betriebe verlangen begreiflicherweise nach einem wirksamen Nematodengift, und es ist auch anzunehmen, dass die Industrie ein solches in absehbarer Zeit wird liefern können. Tatsächlich würde ein solches Präparat von unschätzbarem Wert sein, wenn es gelänge, einen befallenen Boden radikal zu „entseuchen" und der Landwirt nachher dazu entschlossen wäre, den Rübenbau durch eine vernünftige Fruchtfolge so aufzulockern, dass eine Nematodengefahr künftighin gebannt bleibt. Wird aber das zu erwartende Nematodengift ein dauerndes Hilfsmittel in der Hand des Rübenbauers, dann würde damit nicht nur die parasitäre Rübennematode vernichtet werden, sondern auch zugleich die millionenfach zahlreicheren, freilebenden Bodennematoden. Damit würde man einen ungewollten, vernichtenden Schlag gegen die Humuswirtschaft führen. Der freilebende Bodennematode gehört neben anderen Bodentieren zu den wertvollen Humusbildnern im Boden. Seine Unterdrückung bedeutet daher eine Gefahr für die Bodenfruchtbarkeit, und die Tragweite einer solchen Maßnahme kann gar nicht abgeschätzt werden. Aus dieser Sorge scheint es geboten, das vorliegende Problem von einer anderen Seite her zu beleuchten. Es wurde der Lebensrhythmus des Schädlings beobachtet und festgestellt, wie viele Rübennematodenzysten die Wartezeit von einer Wirtspflanze zur anderen überleben, d. h. wie groß die S t e r b l i c h k e i t s q u o t e des Nematoden während seines Z y s t e n s t a d i u m s ist. Während die freilebenden und nützlichen Bodennematoden sich in einem ständigen Generationswechsel fortpflanzen, sind die im Boden ruhenden Zysten der parasitären Nematoden 3 bis 4 Jahre ihrer Wirtspflanzen beraubt und dadurch auch infektiösen Angriffen ausgesetzt. Ihr Bestand wird umso wirksamer reduziert, je tätiger der Boden ist. Es ergibt sich also ein ursächlicher Zusammenhang zwischen der Intensität des Bakterien- und Pilzlebens im Boden einerseits und der Sterblichkeitsquote anderseits. Aus diesem Grund kann man zu einem wesentlich einfacheren und natürlichen Weg der Schädlingsbekämpfung gelangen. Welche Bedeutung der Zystensterblichkeit zukommt, geht aus Abb. 41 hervor, in der, ausgehend von einem Zystenbestand von 100, der Abfall der lebenden Zysten bei verschiedener Sterblichkeit errechnet wurde.

Während bei einer jährlichen Sterblichkeitsquote von 20% nach Ablauf von vier Jahren noch 41 der Zysten lebensfähig bleiben, wird der Bestand bei

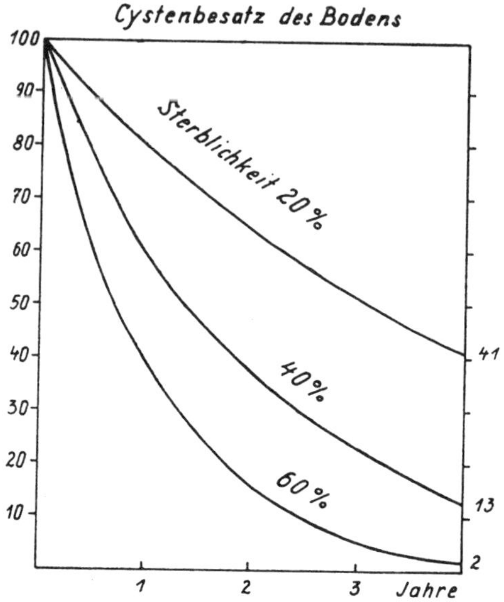

Abb. 41
Zystensterblichkeit

einer Sterblichkeitsquote von 40% auf 13 und bei einer Sterblichkeitsquote von 60% auf zwei herabgedrückt. Man kommt also zur Einsicht, dass auf einem untätigen Boden die Zysten förmlich konserviert werden, während der tätige Boden sich sozusagen selbsttätig entseucht.

Auch der bisherige Kampf gegen die Nematoden weist in die gleiche Richtung. Als wirksamstes Heilmittel gegen Nematoden wurde seit eh und je der Anbau von Leguminosen, Klee oder Gras empfohlen. Der Erfolg dieser Maßnahme beruht darin, dass diese Pflanzenbestände die Bodentätigkeit fördern und im gleichen Maße die Zystensterblichkeit steigt. Es handelt sich also schon immer um eine Bodenentseuchung auf biologischem Weg, wenngleich dieser Weg dem Rübenbauer wenig Anreiz bietet. Heute sind auch in diesem Falle durch die Einschaltung von Gründecken wirksame Möglichkeiten gegeben, die förderlich auf die Bodentätigkeit sind und man kann auf diesem Weg der Nematodenplage Herr werden.

Dass auch Rapsdecken imstande sind, die Zystensterblichkeit im Boden wesentlich zu steigern, mag aus folgendem Versuchsbericht entnommen werden. Auf einem mit Rübennematoden mäßig verseuchten Acker stand 1954 Winterweizen, dem auf einen Teil des Schlages im Herbst 1953 eine Rapsdecke vorangegangen war. Letztere war am 14. August angesät und am 8. November umgebrochen worden. Die Wurzeln der 6 Wochen alten Rapsdecke zeigten keinen Nematodenbefall. Anfang September 1954, also ein Jahr nach der Rapsdecke, ergab eine Untersuchung des Bodens folgenden Bestand an lebensfähigen Zysten je 100g Boden:

Probestelle	ohne Rapsdecke	mit Rapsdecke
1	15,5	7,9
2	12,5	12,0
3	17,9	10,2
4	10,1	5,0
5	9,6	5,4
Mittel	13,1	8,2

Dieser Versuch lässt die Deutung zu, dass die im Boden ruhenden Zysten einer gesteigerten Sterblichkeit unterlagen, weil die Fläche durch die Rapsdecke in eine bessere Gare gebracht wurde. Auch nachfolgende Ergebnisse sprechen in diesem Sinne:

a) Feststellung des Strukturzustandes

ohne Rapsdecke

0 – 2 cm mäßige Oberflächenverdichtung
2 – 13 cm gut durchwurzelt, krümelig
13 – 17 cm Verdichtung 1. Grades
17 – 25 cm Verdichtung 2. Grades
ab 25 cm Untergrund

mit Rapsdecke

0 – 20 cm gut durchwurzelt, gar
20 – 25 cm Verdichtung 1. Grades
ab 25 cm Untergrund

b) Die Menge der in Zersetzung begriffenen Organreste (Organismenfutter) je 100 g Boden betrug in 0 – 20 cm Tiefe
0,23 g ohne Rapsdecke 0,31 g mit Rapsdecke

Die Rapsdecke hat demnach unter dem nachfolgenden Weizen sowohl den Strukturzustand des Bodens wie auch seine Versorgung mit Organismenfutter wesentlich verbessert. Beide Faktoren rechtfertigen die Annahme eines erhöhten Organismenlebens und in dessen weiterer Folge einen verstärkten infektiösen Angriff gegen die Nematodenzysten, d. h. eine erhöhte Sterblichkeit derselben.

Zusammenfassend kann gesagt werden, dass der Verfall der „alten Kraft" des Bodens nach den neuesten Erschließungen nicht nur den bekannten Gare- und Humusschwund hervorruft, sondern auch in einem gestörten Zusammenleben der Pflanze mit den Bodenorganismen zu suchen ist. In naturbelassenen Böden treten diese Probleme nicht zutage, denn dort herrscht eine wohlabgestimmte Pflanzen-Mikroben-Gesellschaft. Am Acker kann nur eine Nachbildung dieser natürlichen Bedingungen helfen, die Schäden zu beheben oder vorzubeugen, wenn durch die Einschaltung von Gesundungsfrüchten die Fruchtfolge belebt wird. Auch vom Standpunkt der Bodenmüdigkeit wird der immergrüne Acker zum Ziel.

Ist viehloser Ackerbau ohne Gefahr für die Bodenfruchtbarkeit möglich?

Viehhaltung und Ackerbau sind durch Jahrhunderte zu einer Einheit verwachsen, die etwas organisch gewordenes darstellt, sodass der Landwirt mit einer gewissen Sorge die Frage stellt, ob eine dieser Komponenten ausgeschaltet werden darf, ohne dass die andere Schaden nimmt. Und doch wird aus betriebswirtschaftlichen und noch mehr aus arbeitswirtschaftlichen und arbeitstechnischen Gründen in den Ackerbaugebieten dieses Problem immer aktueller. Es muss bei der Beantwortung in erster Linie nach den Ansprüchen des Bodens gefragt werden, weil die Erhaltung der Bodenfruchtbarkeit wichtiger ist als alles andere. Wenn im Folgenden nun dargelegt wird, dass unter der **Einhaltung ganz bestimmter Maßnahmen** es durchaus möglich ist, ohne Stalldünger und ohne Futterpflanzen am Acker auszukommen, dann muss die praktische Lösung nicht nur biologisch richtig, sondern auch betriebswirtschaftlich vertretbar sein. Vielfach allerdings fehlt es gerade im letzten Punkt an praktischen Erfahrungen, und darum wurde nach einer Lösung gesucht, die abseits von revolutionären Experimenten liegt und eine organische Entwicklung erlaubt.

Der Vorschlag geht dahin, zunächst eine Zwei-Zonen-Wirtschaft einzurichten. Das heißt, auf den hofnahen Schlägen eine rationelle Vieh-Acker-Wirtschaft zu planen (Zone A) und auf den Außenschlägen einen viehlosen Ackerbau zu betreiben (Zone B). Ist auf diese Weise durch einige Jahre genügend Erfahrung gesammelt, dann kann die Zone A aufgelassen und der Fruchtfolgeplan auf die gesamte Wirtschaft übertragen werden.

Zone A: Das Flächenausmaß dieser Zone muss durch den Futterbedarf diktiert sein. Vor allem ist der Einbau der Futterpflanzen in die Fruchtfolge zu planen. An erster Stelle steht die Luzerne, die bisher außerhalb der Fruchtfolge stand und als Springschlag vier Jahre und länger genutzt wurde. Diese Praxis hat sich aus arbeitstechnischen Gründen entwickelt, bedarf aber nunmehr einer Revision, denn die recht monoton gewordene Fruchtfolge verlangt dringend nach „guten Vorfrüchten“. Vom Standpunkt der Futtergewinnung ist gegen eine vierjährige Luzernenutzung nichts einzuwenden, ja die Erträge steigen gegenüber dem ersten Jahr sogar an. Betrachtet man aber den Vorfruchtwert der Luzerne, so zeigt sich, dass der Garezustand schon im dritten Jahr merklich verfällt und nach vier Jahren gar nicht mehr befriedigt. Die Gare bildende Wirkung der Luzerne liegt im ersten und zweiten Nutzungsjahr, und diese Tatsache soll für die Fruchtfolge ausgenützt werden. Die Luzerne darf also maximal nur zwei Jahre genutzt werden, in vielen

Fällen wird es nötig sein, da man mit der Fruchtfolge nicht rasch genug herumkommt, einen nur einjährigen Luzerneschlag einzubauen. Darüber liegen, namentlich in den Trockengebieten, bereits seit vielen Jahren Beobachtungen vor, die große Erfolge zeigten. Man kann aber noch weiter gehen. Beurteilt man die Feldfrüchte nach ihrer Gare bildenden Wirkung, dann findet man die schwächste Gare unter den Hackfrüchten und dem Getreide, eine wesentlich bessere unter den Leguminosen, anderen Futterpflanzen und Gräsern. Die Spitzenleistung an Gare- und Humusbildung aber vollbringt ein Kleegrasgemenge. Aus diesem Grund wird ein einjähriges Luzernegras (etwa 15 kg Luzerne und 8 kg Knaulgras je Hektar) dem reinen Luzernebau vorzuziehen und in die Fruchtfolge einzubauen sein. Damit wird eine tragende Säule der Gare- und Humuswirtschaft errichtet, von der die Folgefrüchte zehren können.

Je nach dem Strohbedarf im Stall wird sich in der Zone A folgender Fruchtfolgetyp herausbilden:

a) Flachstall (6 kg Einstreu/GVE):
LUZERNEGRAS / HACKFRUCHT / SOMMERUNG + Rapsdecke / WINTERUNG mit Luzernegraseinsaat.
b) Tiefstall (12 kg Einstreu/GVE):
LUZERNEGRAS / HACKFRUCHT / SOMMERUNG + Rapsdecke / teils WINTERUNG + Rapsdecke, / teils HACKFRUCHT und FUTTERMAIS / WINTERUNG mit Luzernegraseinsaat.

Der Stalldünger wird zur Hackfrucht und zur Winterung mit Luzernegras verabreicht.

Bildet das Luzernegras und der Rübenschlag allein die Futtergrundlage, so wird man in den Trockengebieten mit einer Schlaggröße von ungefähr 0,5 je GVE rechnen müssen, um den Jahresbedarf von durchschnittlich 20 dz Stärkewert je GVE mit Sicherheit decken zu können.

Zone B: Hier muss man ohne Stalldünger und Futterpflanzen auskommen und es eröffnen sich eine Reihe von Problemen.

Die Frage lautet: **Kann man den Stalldünger ersetzen, indem man das Stroh, Rübenblatt usw. einackert?** Man weiß, dass der Humus im tierischen Darm entsteht bzw. vorgebildet wird. Es steht aber nirgends geschrieben, dass dieser Darm einer Kuh gehören muss. Es kommt heute, nachdem die Geheimnisse des Bodens viel eingehender erforscht sind, niemand auf den Gedanken, nur deshalb die Ackerwirtschaft mit der Viehwirtschaft zu koppeln, um den Äckern Stallmist zu geben. Es scheint sogar, dass die im Boden heimischen Kleintiere nicht nur billigeren, sondern auch besseren Humus erzeugen, wie den vorangegangenen Kapiteln zu entnehmen ist. Man muss ihnen nur die passenden Lebensbedingungen einräumen. Das Stroh muss nicht auf der Düngerstätte in Humus umgewandelt werden, wenn man diesen Prozess im Boden ermöglichen kann. Das Wesen ist die Humusbildung, der Weg dazu ist nur von sekundärer Bedeutung.

Zur Humifizierung des Strohs muss das Kleintierleben im Boden mobil gemacht werden, und das gelingt am besten, wenn man zu der Zeit, wenn das Stroh anfällt, eine Gründecke über den Acker breitet, die den Boden beschattet und jenes ausgeglichene Bodenklima schafft, das die Bodentiere verlangen. Die „Kleestrohdecke" wurde schon beschrieben, aber auch unter einer Rapsdecke wird eingeschältes Stroh ausgiebig humifiziert. Anhand der Organausstriche bei der Humuskontrolle konnte immer wieder festgestellt werden, dass ohne Gründecke das Stroh nutzlos verpufft. Unter deren Schutz aber findet nicht nur eine Humusbildung statt, sondern das Stroh wird auch sparsam abgebaut und garantiert eine anhaltende Bodentätigkeit. Mit dieser Klarstellung ist erst die Grundlage für eine viehlose Ackerwirtschaft geschaffen worden.

Die Gründecke wird aber nicht nur benötigt, um die Humusbildung zu sichern, sondern sie soll die Monotonie in der Fruchtfolge unterbrechen. Mit Ausschaltung des Futterbaues wird auf die besten Vorfrüchte verzichtet und man muss dafür Ersatz schaffen, sonst geht es mit der Bodenfruchtbarkeit bergab. Das gilt ganz allgemein und im Besonderen für die viehlose Ackerwirtschaft, die doch sehr stark zum einseitigen Getreidebau hinneigt. Die Aufeinanderfolge

Winterung + Kleedecke / Sommerung + Rapsdecke

ergibt, vom Boden aus gesehen, eine biologisch einwandfreie Fruchtfolge von Halmfrucht / Leguminose / Halmfrucht / Kreuzblütler, mit einer Garebildung, die ohne die Gründecken niemals erreichbar wäre. Sollte es in der Zukunft noch gelingen, die Rapsdecke durch die Einsaat einer Nichtleguminose in die Sommerung zu ersetzen, dann ist auch die Arbeitsspitze überwunden, die sich durch den sofortigen Stoppelsturz hinter dem Mähdrescher ergibt.

Eines steht jedenfalls fest, man bedarf der Gründecken neben dem Stallmist sehr dringend, um die gare- und humuszehrenden Vegetationspausen auszuschalten, man braucht sie am viehlosen Betrieb aber unbedingt, damit das eingeackerte Stroh zu Humus wird und die notwendige Abwechslung in der Fruchtfolge gewahrt bleibt.

Einige Angaben darüber, wie viel organische Substanz die einzelnen Fruchtfolgen im Boden hinterlassen, sollen Einblick in den Humushaushalt des Bodens geben. Obwohl es nicht allein auf die Menge, sondern auch auf den biologischen Nährwert des Organismenfutters ankommt, sind diese Zahlen doch sehr aufschlussreich.

Die in den viehschwachen Betrieben heute vorherrschende Fruchtfolge Rübe / Gerste / Weizen liefert einschließlich einer Stallmistgabe von 200 dz/ha folgende Mengen an organischer Substanz:

Stalldünger	34 dz/ha
Rübe	10 dz/ha
Gerste	17 dz/ha
Weizen	23 dz/ha
Zusammen	84 dz/ha = 28 dz/ha und Jahr

Das ist erfahrungsgemäß viel zu wenig, um das Leben im Boden im Gang zu halten. Die oben für die Zone A vorgeschlagene Fruchtfolge mit einer Stallmistgabe von 300dz/ha liefert:

Stalldünger	50 dz/ha
Luzernegras	40 dz/ha
Rübe	10 dz/ha
Gerste	17 dz/ha
Rapsdecke	20 dz/ha
Weizen	23 dz/ha
Zusammen	160 dz/ha = 40 dz/ha und Jahr

Die verbesserte Fruchtfolge einerseits und die Konzentrierung des erzeugten Stalldüngers auf eine kleinere Fläche, bringt also dem Acker um 43% mehr an organischer Substanz!

In der viehlosen Zone B liefern die Fruchtfolgeglieder folgende Mengen an organischen Rückständen (einschließlich Stroh und Blatt):

a)	Rübe	10 + 40 =	50 dz/ha
	Gerste	17 + 25 =	42 dz/ha
	Rapsdecke		20 dz/ha
	Weizen	23 + 40 =	63 dz/ha
	Kleedecke		20 dz/ha
	Zusammen	195 dz/ha =	65 dz/ha und Jahr

b)	Rapsdecke		20 dz/ha
	Gerste	17 + 25 =	42 dz/ha
	Körnerraps	10 + 35 =	45 dz/ha
	Rapsausfall		10 dz/ha
	Weizen	23 + 40 =	63 dz/ha
	Kleedecke		20 dz/ha
	Zusammen	200 dz/ha =	67 dz/ha und Jahr

c)	Weizen	23 + 40 =	63 dz/ha
	Kleedecke		20 dz/ha
	Gerste	17 + 25 =	42 dz/ha
	Rapsdecke		20 dz/ha
	Zusammen	145 dz/ha =	72 dz/ha und Jahr

Die hier angeführten Zahlen sind sehr vorsichtig errechnete Durchschnittswerte, in welchen nur die zur Zeit der Ernte vorhandenen Rückstände erfasst wurden. Sie vermehren sich noch um jene Mengen an

Wurzel- und Blattmasse, die bereits während der Vegetationszeit von der Pflanze abgestoßen werden und dem Abbau unterliegen. Jedenfalls wird daraus ersichtlich, dass eine viehlose Ackerwirtschaft den Boden sehr reichlich mit organischer Substanz zu versorgen vermag und durchaus keine Gefahr für die Bodenfruchtbarkeit besteht. Man muss nur dafür sorgen, dass die am Acker anfallende organische Substanz nicht zu rasch verpufft, sondern in nachhaltig wirkenden Humus umgewandelt wird. Dazu braucht man die Gründecken! Wer ihre Technik beherrscht, wird auch mit der viehlosen Wirtschaft Erfolg haben. Die Entscheidung liegt in einer genügenden Ausrüstung mit Zugmaschinen, die alle diese Arbeiten ohne Verzögerung besorgen können.

Düngung – ein Faktor zur Erhaltung der Bodenfruchtbarkeit

Zwischen dem Gesundheitszustand des Bodens und der Düngung besteht ein inniger Zusammenhang. Einerseits beeinflusst der Gare- und Humuszustand die Düngerwirkung, anderseits trägt die Düngung zur Pflege des Humushaushalts und der Bodengare bei.

Sieht man sich den Krumenquerschnitt eines garelosen Ackers an, dann wird auch die Hemmung verständlich, die der Nährstoffversorgung der Pflanze erwächst. Wenn man annimmt, dass die vom Pflug angelegte Krume als Nährstoffspeicher und Nährstofflieferant der Pflanze funktioniert, trifft dies tatsächlich nur für jenen Teil der Oberkrume zu, der während der Vegetationszeit krümelig bleibt und durchwurzelt wird. Dieser aktive Teil der Krume kann zuweilen sehr seicht werden, und die im Bereich der Krumenverdichtung und darunter ruhenden Nährstoffvorräte nehmen dann an der Versorgung der Pflanze kaum Anteil, weil in diesen Zonen die Durchwurzelung unterbunden ist. Es kann also dazu kommen, dass auf einem nährstoffreichen Boden die Pflanzen hungern, weil die Krume als Nährstoffspeicher nicht ausgenutzt wird. Bis zu einem gewissen Grad glaubt man, diesen Ausfall durch einen erhöhten Düngereinsatz ausgleichen und die Fehler korrigieren zu können. Die Produktivität des Aufwandes ist aber damit in Frage gestellt, ja es können dadurch auch andere Gefahren heraufbeschworen werden. Die Pflanze ist durch die Verdichtung vom Wasserspeicher im Untergrund abgeschnitten und daher in ihrer Wasserversorgung bedroht. Ohne Wasserbelieferung gibt es aber keine Nährstoffausnützung; beides geht Hand in Hand. Es kommt daher nicht selten vor, dass eine Düngung nicht nur keine Ertragssteigerung, sondern sogar das Gegenteil einbringt, weil infolge der zusätzlichen Nährstoffzufuhr die Pflanze anfangs zu lebhafter Entwicklung angeregt, ihre geringen Wasservorräte zu rasch verbraucht und dann unmittelbar vor dem Nichts steht, wenn es nicht regnet. Eine wichtige Aufgabe der Düngerberatung liegt also darin, auch Anleitungen dafür zu geben, dass der Dünger am Acker zur Wirkung kommt. Es ist leicht zu verstehen, dass die Ernährung der Pflanze und ihre Wasserversorgung ineinander gekoppelt sind, und dass daher die Nährstoffversorgung nicht funktioniert, solange der Nährstoffspeicher in der Krume vom Wasserspeicher im Untergrund durch eine Sperrschicht getrennt ist. Mit anderen Worten, nur ein gesunder Boden lohnt den Düngungsaufwand. In den Untersuchungsanstalten werden jährlich viele Tausende von Bodenproben auf ihren Nährstoffgehalt untersucht, um dem Landwirt Richtlinien für eine planmäßige Düngeranwendung zu geben. Bei den Anweisungen für die Düngergaben geht man aber von der Voraussetzung aus, dass das ermittelte

Nährstoffdepot draußen am Acker tatsächlich wirksam ist. In einem garelosen Acker aber ist das nicht der Fall, und es sollte auch diesbezüglich eine Aufklärung einsetzen.

Das soll aber nicht heißen, dass die Düngeraufwendungen sinken sollen, wenn der Landwirt darangeht, seinen Acker gesund zu machen. Grundlage der Gare ist und bleibt der Stallmist. Ihn im Laufe der Fruchtfolge in richtigem Rottezustand flach einzubringen ist für jeden guten Landwirt selbstverständlich. Bodengare kann also die Düngung nicht ersetzen, und man muss auch dem Boden zurückgeben, was durch die Ernte entzogen wurde. Die Gefahr des zu starken Nährstoffverlustes ist gegeben, denn während der garelose Boden auch die Düngernährstoffe zum großen Teil nutzlos festlegt, werden sie im garen Acker infolge der lebhaften Organismentätigkeit mobil gemacht und von der Pflanze um vieles besser ausgenützt. Der gare Boden ist düngeraktiv, der garelose Boden aber düngerinaktiv. Wie bei so vielen Funktionen der Natur, greift auch hier ein Rad in das andere.

Und nun die zweite Seite des Düngerproblems: **Kann mineralische Düngung die Bodengare fördern?** Es hat wiederholt Stimmen gegeben, die behaupteten, dass der Kunstdünger schädlich wäre und das Leben im Boden töte und die Gare vernichte. Es ist sicher, dass bei unsachgemäßer Anwendung durch die Düngung Nachteile hervorgerufen werden, und dass es Fälle gibt, wo auch bei eingeschränkten Mineraldüngergaben (stickstofflos) auf die Dauer beachtliche Erfolge erzielt wurden. Der Alarmruf, dass die Gare des Bodens zerstört werde, hatte schon damals Berechtigung, als man ausschließlich Natronsalpeter und natriumhaltige Kalirohsalze verwendete. Inzwischen musste man erkennen, dass der Mineraldünger in jeder Form das Bodenleben schädigt. Für jeden Nährstoff, den die Pflanze braucht, gibt es Lebewesen im Boden, die ihn wunschgerecht aufarbeiten und ihn unter Umständen sogar im Zellverband in die Pflanzenwurzel übertragen. Werden leicht lösliche Nährstoffe dem Boden zugefügt, müssen diese Lebewesen sterben, das System im Boden wird gestört und anfällig gegen Schädigungen. Die Folgen sind an der Minderung garer Krümel deutlich zu sehen.

Wichtig ist ein gesunder Kalkzustand des Bodens. Es darf als bekannt vorausgesetzt werden, dass die meisten Kulturpflanzen sauren Boden nicht vertragen. Einige vertragen noch ein schwach saures Milieu, viele aber verlangen neutrale bis schwach basische Reaktionen (pH 6.6 - 7).

Saurer Boden ist eine dreifache Gefahr für die Bodengare:

1. Im sauren Boden sind die Bindesubstanzen des Bodengefüges nicht genügend wasserfest – es fehlt an der notwendigen Aggregatbildung und der Boden neigt daher von Natur aus zu Verschlämmungen und Verkittungen.
2. Im sauren Boden ist das Organismenleben so stark gehemmt, dass es nicht zur ausreichenden Lebendverbauung der Krume und zur Humusbildung kommt. Saure Reaktion ist immer ein Kennzeichen gestörten Bodenlebens.

3. Im sauren Boden ist die Wurzelproduktion der Pflanze gehemmt. Es wird daher niemals genügend „Bakterienfutter" produziert und die Lebendverbauung der Krume bleibt auch aus diesem Grunde mangelhaft.

Im Regelfall ist saure Reaktion also ein Zeichen gestörter Gare im ganzen Wurzelraum. Man muss daher durch starke Bewurzelung und Humuszufuhr für ein artenreiches Bodenleben, welches von sich aus dann die richtige Reaktion in der Nähe des Neutralpunktes einstellt. Tut es das nicht, kann Mangel an Calcium vorliegen. Eine Kalkung ist dann zweckmäßig, aber nur in kleinen Mengen, um das Bodenleben nicht zu zerstören.

Kalksteinmehl z. B. ist im Gegensatz zum Branntkalk schwer löslich und es bedarf daher der Kohlensäure, um die Krume durchgreifend zu neutralisieren – er wirkt also nur im tätigen Boden. Denn nur im tätigen Boden wird durch die Mikroben Kohlensäure produziert. Jede Düngung beginnt mit der Klärung der Kalkmenge.

Wo noch Phosphat- und Kalilücken vorhanden sind, können diese Nährstoffe durch Düngung in kleinen Mengen ergänzt werden.

Der Kalizustand hat nur einen geringen Einfluss auf die Produktion der Wurzelmasse. Nur auf extrem kalihungrigen Böden ist das Wurzelwachstum deutlich gehemmt und daher der Anfall von Organismenfutter abnormal gering; dort bringt eine Kalidüngung Erfolge.

Von ganz entscheidender Bedeutung erwies sich hingegen die Phosphatversorgung der Pflanzen. Dem Phosphat fällt eine Sonderstellung zu, denn es vermehrt vor allem die feinen Wurzelfasern und Haarwurzeln, die den Boden durchspinnen und ihn mit Bakterienfutter durchsetzen. Abb. 42 zeigt Roggenwurzeln im phosphatarmen und -reichen Boden und man kann deutlich den viel stärkeren Besatz an feinsten Wurzelfasern erkennen.

Abb. 42
Roggenwurzel, rechts: mit Phosphatdüngung, links: ohne Phosphatdüngung

Aus Abb. 43 geht hervor, dass der Weizen umso mehr Wurzelmasse produziert, je besser der Boden mit Phosphat versorgt ist. Auf der Waagerechten ist der Phosphatgehalt der Böden aufgetragen, derart, dass der Anstieg des Phosphates von links nach rechts erfolgt. Auf der Senkrechten erscheint, von unten nach oben ansteigend, der Gehalt an Organresten in der Krume in Gramm je 100 g Boden.

Um auch hier die Mitwirkung der Bodenstruktur zu erfassen, sind jene Fälle, wo der Strukturzustand in Ordnung war, durch einen ausgefüllten Kreis hervorgehoben. Aus dieser Darstellung sieht man deutlich, dass eine ausreichende Versorgung der Bodenorganismen mit organischer Substanz und für die Herstellung einer garen Krume die Voraussetzung für die ausreichende Versorgung der Pflanzen mit Phosphatverbindungen ist.

Auch der Erfolg einer Gründecke hängt weitgehend von der Phosphatzufuhr im Boden ab. Es wurde der Zuwachs an Organismenfutter bei Rapsdecke in Abhängigkeit vom Phosphatgehalt der Böden geprüft und eindeutig festgestellt, dass mit höherem Phosphatspiegel eine höhere Wurzelproduktion Hand in Hand geht. Während bei extrem phosphorhungrigen Böden die Wurzelmasse unter 0,05 g/100 g Boden blieb, stieg sie bei mäßigem

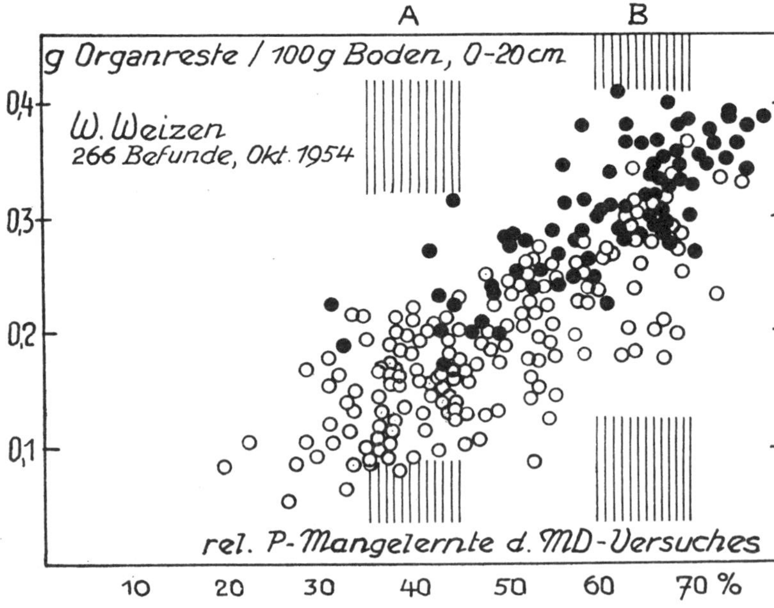

Abb. 43
Wurzelproduktion bei Weizen, in Abhängigkeit vom Phosphatgehalt und Garezustand des Bodens

Phosphatgehalt auf 0,08 g/100 g Boden, um bei ausreichender Phosphatversorgung auf 0,12 g/100 g Boden und mehr zu gelangen.

Die einzelnen Faktoren des Bodenlebens greifen auch hier wie die Zahnräder eines Uhrwerkes ineinander.

Man darf die Düngung nicht allem vom Mehrertrag der nächsten Ernte messen, sondern muss auch hier vom Boden ausgehen und auf längere Zeit einen Düngungsplan entwerfen. Die primäre Aufgabe der Düngung ist die Förderung des Wurzelwachstums. Die sekundäre Wirkung ist der Anstieg der oberirdischen Pflanzenmasse, die als Housing Ernterückstände direkt oder über den Umweg der Tierhaltung als Wirtschaftsdünger der Ernährung der Bodenlebewesen und dem Humusaufbau dienen.

Diese neuen Gesichtspunkte der Düngerwirtschaft korrigieren manchen Irrtum der Vergangenheit. Man sagte, die Düngeranwendung wirke humuszehrend und stütze sich auf die Tatsache, dass der gedüngte Boden intensiver atmet, also mehr Kohlensäure abgibt. Es stimmt wohl, dass organische Substanz umso rascher abgebaut wird, je nährstoffreicher der Boden ist, aber man darf doch nicht einen Teil des Geschehens aus dem Ganzen herausheben und isoliert betrachten. Dieser Anregung des Bodenlebens geht ja eine Mehrproduktion an Wurzelmasse, also eine bessere Ernährung und Vermehrung der Bodenorganismen voraus. Organische Düngung, die die Pflanze ernährt, hebt zugleich den Lebensstandard des gesamten Bodenlebens und dient damit der Erhaltung der Bodenfruchtbarkeit.

Ein Überangebot an Stickstoff ist nicht nur für die Pflanze, sondern auch für den Boden gefährlich, weil einseitige Stickstoffzufuhr die Wurzellänge der Pflanze reduziert und damit den Maßnahmen der Garepflege entgegen arbeitet. Durch die gleichzeitige Zunahme der Produktion an Wurzelmasse wird der Nachteil der kürzeren Wurzeln meist wieder wettgemacht.

Düngung ist ein unerlässlicher Faktor bei der Erhaltung der Bodenfruchtbarkeit, aber sie kann unter schlechten Bedingungen keine Wunder wirken. Am garelosen Acker sind dem möglichen Erfolg durch Düngung Grenzen gesetzt. Optimale Düngerwirkungen sind nur am garen Acker erzielbar. Nur wenn die Düngung hilft, mehr Bakterienfutter zu erzielen, wird sie zu einer wichtigen Maßnahme der Garepflege.

Biologisch richtige Bodenbearbeitung

Das wichtigste Bearbeitungsgerät ist der Pflug, und es ist daher nicht verwunderlich, dass immer wieder Streitfragen auftauchen, welcher Pflug der Beste wäre. Diese Frage wird wohl nie dogmatisch zu lösen sein, denn ob der eine oder andere besser ist, kann nur im Einzelfall entschieden werden. Unbestritten ist die Pflugarbeit die beste, die den Pflanzenwurzeln die beste Entwicklungsmöglichkeit vorbereitet, d. h. eine gare Krume zum offenen Untergrund schafft, damit die Wurzeln tief hineinwachsen und in Trockenzeiten zu den Wasserreserven gelangen können.

Doch der Pflug ist nicht bloß ein Werkzeug der Bodenlockerung, sondern hat auch die Aufgabe, die Ernterückstände der Vorfrucht dorthin zu legen, wo sie im nächsten Jahr als Organismennahrung gebraucht werden.

Immer wieder wird die Frage gestellt: **Wie tief soll die Ackerkrume sein?** Es kann dafür weder im Allgemeinen, noch für ein spezielles Feld im Besonderen ein Maß genannt werden. Das hängt davon ab, wie tief die Pflanze den Boden garefähig macht, also wie tief die Lebendverbauung in die Krume eindringt. J. GÖRBING meinte, die Garebildung sei von Natur aus begrenzt und beträgt im gemäßigten Klima maximal 22 cm, in heißen Gegenden sogar bloß 16 cm. Nach neueren Forschungen von F. SEKERA kann die Garebildung tiefer gehen. Auch schwankt die Garetiefe mit der Jahreszeit. Sie kann in gesunden Böden im Frühjahr und Herbst bis 30 cm und mehr vordringen und wird in der heißen Jahreszeit seichter. Das ist erklärlich, denn je intensiver die Bodenorganismen atmen, umso größer ist ihr Sauerstoffbedarf und umso geringer die Bodenschicht, die eine ausreichende Sauerstoffversorgung ermöglicht. Man kann daher nie von einer scharfen Grenze der Garebildung, sondern nur von einem Grenzsaum sprechen, der zudem jahreszeitlichen Schwankungen unterliegt.

Man kann mit dem Pflug drei grobe Fehler machen und damit den besten Boden ruinieren:

1. Die Pflugfurche ist zu seicht und Jahr für Jahr gleichmäßig tief.
2. Der Boden wird zu tief gewendet.
3. Die Pflugfurche ist zu breit.

Der erste Fehler ist heute immer mehr im Aussterben. Früher begegnete man ihm vielfach in kleinbäuerlichen Betrieben. Wenn man den Boden Jahr für Jahr nur seicht wendete und das Pflugschar (oftmals sogar ein stumpfes Schar) stets in der gleichen Tiefe durch den Boden zog, dann bildet sich unter einer seicht gelockerten Krume allmählich eine Pflugsohle, die von den Wurzeln nicht durchbrochen werden kann.

An dieser Pflugsohle staut sich auch das Wasser, und die Pflanze steht bald zu feucht und bald zu trocken, wenn die Verbindung zum Untergrund unterbrochen ist. Der den Wurzeln verfügbare Lebensraum ist zu gering, um befriedigende Ernten erwarten zu dürfen. Außerdem sind diese Pflugsohlen der beste Nährboden für die Quecke. Die Rhizome der Quecke bilden sich besonders gut in feuchten Schichten aus. Durch die verdichtete Sohle können sie nicht durchstoßen und bilden daher an der unteren Krumengrenze einen dichten Wurzelfilz, der in dem an sich schon eingeengten Wurzelraum auf Kosten der Kulturpflanze lebt. Abb. 44 zeigt das Durchbrechen und Ausbreiten der Queckenwurzeln an der Bearbeitungsgrenze.

Abb. 44
Queckenwurzel, die sich im Wasserstau der Bodenverdichtung ausbreitet

Man lernte aus diesen Fehlern und vertiefte die Ackerkrume. Das bringt zunächst immer eine Erntesteigerung, denn nach der Regel: nicht Fläche, sondern Fläche mal nutzbarer Bodentiefe macht den Grundbesitz, steht ja der Pflanze ein größerer Wasser- und Nährstoffspeicher zur Verfügung. Das stimmt schon, aber man darf bei der Vertiefung der Krume keine Fehler machen, sonst wandelt sich der Erfolg ins Gegenteil und die Schwierigkeiten werden immer größer.

Die zu tiefe Wendung ist ein solcher Fehler. Dabei wird die dichtdurchwurzelte Krume mit der dünndurchwurzelten Unterkrume sozusagen verdünnt. Wie schon wiederholt dargelegt wurde, bedarf der Boden reichlich Organismenrückstände, um eine Lebendverbauung der Krümelstruktur zu erzielen. Am Querschnitt der Krume kann man nun feststellen, wie die Vorfrucht den Boden durchwurzelt hat. Der obere Teil ist also dicht durchwurzelt, während der untere Teil der Krume dünn durchwurzelt ist. Diese Feststellung ist wichtig, denn damit weiß man, wo die Organismennahrung für das nächste Jahr liegt. Garefähig ist nur der dicht durchwurzelte Boden, denn er bringt die Voraussetzung für eine ausgiebige Lebendverbauung. Man hat bis vor kurzer Zeit zur Halmfrucht seichter, zur Hackfrucht tiefer gewendet. Dabei wurde in der Regel auch die dünn durchwurzelte Schicht mitgewendet. Man hat also den dicht durchwurzelten, garefähigen Boden nach unten gelegt und den dünn durchwurzelten, nicht garefähigen Boden darübergebreitet. Das ist falsch, denn an der Oberfläche des Ackers braucht man die beständigen Krümel, dort prallt ja der Regen auf. So aber fehlt nun gerade an der Oberfläche des Ackers die notwendige Krümelverbauung, d. h. die vom Pflug geschaffenen Krümel zerbrechen schon im ersten Regen und verschlämmen. Es bildet sich eine Kruste, die den Luftzutritt in den Boden absperrt. Im unteren Teil der Krume wäre wohl die Voraussetzung für eine ausreichende Krümelverbauung gegeben, denn hier liegen reichlich Wurzelrückstände als Organismennahrung bereit, aber es fehlt infolge der Kruste an der unbedingt nötigen Durchlüftung des Bodens. Die Krümelverbauung bleibt daher auch im Innern der Krume aus und so kommt es, dass die Krume schrittweise zusammensackt und fortschreitende Querschnittsstörungen erleidet, wie schon auf Seite 25 dargelegt wurde.

Was aber noch schwerer wiegt: diese Schäden setzen sich fort und wirken im nächsten Jahr im gesteigerten Ausmaß weiter. Wenn man sich vorstellt, dass der Pflug die Verdichtungen hochhebt und Schollen zutage fördert, so kann man bereits voraussagen, was sich in der Folge einstellen wird. Man kann auch solche Schollen mit viel Mühe zerkleinern, auch der Frost kann sie aufmürben, aber das entscheidende Moment kann nicht erfüllt werden: die Krümel sind nicht haltbar! Der einmal eingeleitete Gareschwund wird mit falscher Pflugarbeit von Jahr zu Jahr fortgesetzt und immer ärger.

Wie wendet man richtig? Wenn man mit der Spatenprobe die Tiefe der durchwurzelten Schicht festgestellt hat, kann man den Pflug danach einstellen. Diese Schicht genügt, selbst wenn sie seicht ist, unter der Voraussetzung, dass darunter keine Verdichtungen sind und die Wurzeln ungehindert in die Tiefe gehen können. Sind aber solche Querschnittsstörungen vorhanden, so dürfen sie nicht hochgehoben, sondern erst so weit gelockert werden, dass die Wurzeln eindringen und neues Leben in den verdichteten Boden bringen können. Wie tief gelockert werden soll, hängt von der Mächtigkeit der Verdichtung ab.

Die richtige Tiefkultur besteht also im seichten Wenden und tiefen Lockern des Bodens. Dem kommt man am besten mit dem Zweischichtpflug nach. Eine Reihe von Pflugfabriken haben solche Zweischichtpflüge in den verschiedensten Ausführungen, angefangen vom einscharigen Gespannpflug bis zum schweren Schlepperpflug, hergestellt. Das Prinzip besteht darin, dass hinter dem normalen Pflugkörper ein der Tiefe nach verstellbarer Wühlkörper angebracht ist, der die Oberkrume wendet, die Unterkrume hingegen lockert, ohne die beiden Schichten zu vermischen und das Bakterienfutter zu verdünnen, wie das beim tiefen Wenden der Fall ist. Meist werden diese Wühlkörper fälschlich als „Untergrundlockerer" bezeichnet. Eine Lockerung des Untergrundes ist wohl nur in vereinzelten Fällen nötig. Die Aufgabe des Wühlkörpers beschränkt sich

in der Regel darauf, die Krumensohle zu unterfahren und die verdichtete Unterkrume aufzubrechen.
Die Einstellung des Zweischichtpfluges erfordert eine gewisse Sorgfalt. Vor allem muss man sich nach dem Boden richten und das Wendeschar so tief einstellen, als die Vorfrucht dicht durchwurzelt hat; das Wühlschar wird so tief eingestellt, dass es die Unterkrume etwas untergreift, sie anhebt und gelockert wieder ablegt. Es gibt also auch für die Tiefkultur kein starres Rezept, sondern man muss sich jeweils den Ansprüchen des einzelnen Bodens anpassen, nur so ist ein Erfolg zu erwarten und die technische Durchführung reibungslos.

Bei den Zweischichtenpflügen gibt es prinzipiell zwei Arten, solche mit schneidendem Wühlkörper und solche mit brechendem Wühlkörper. Letztere haben den Vorteil, dass sie keinen scharfen Schnitt zwischen gewendeter und gewühlter Schicht machen und dem Ziel, einen offenen Übergang zwischen Krume und Untergrund zu schaffen, näherkommen.

Die Zweischichtfurche hat aber nur dann einen Sinn, wenn ihr unmittelbar eine Zwischenfrucht oder eine Gare bildende Gründecke nachfolgt, also Organismennahrung in die mechanisch aufgebrochene Unterkrume hineingeschafft wird und eine Lebendverbauung aufkommt. Wenn auch der Zweischichtpflug die Garebildung am besten und sichersten unterstützt, erzeugen kann man sie mit dem besten Pflug nicht. **Pflug und Pflanze müssen einander helfen.**

Der dritte Fehler, den man mit dem Pflug machen kann, ist die zu b r e i t e F u r c h e . Es war ja naheliegend, nicht nur die Furchentiefe, sondern auch ihre Breite zu vergrößern und dadurch die Flächenleistung des Pfluges zu steigern. In der zu breit gegriffenen Ackerfurche liegt aber nun wieder eine große Gefahr für die Bodengare. Wenn man nicht Zeit hat, den günstigsten Feuchtigkeitszustand des Bodens abzuwarten, muss man die Pflugfurche schmäler einstellen, und zwar auf jeden Fall so, dass der Pflug den Boden krümelt und nicht einen Pflugbalken an den anderen lehnt. Über diese Tatsache setzt man sich leider allzu schnell hinweg und hofft auf den Frost, der diese Pflugbalken und Schollen zerkleinern soll.

Man kann natürlich durch mühevolle Nacharbeit auch ein scholliges Feld oberflächlich frisieren und die nötige Feinerde für den Anbau gewinnen. Es stimmt auch, dass der Frost die Schollen sprengt, aber alle diese Einwirkungen bleiben auf die obere Krumenschichte beschränkt, im Inneren bleibt der zu breit gepflügte Acker so roh und schollig liegen, wie der Pflug ihn hingelegt hat.

Es wurde eingehend geprüft, wie lange diese Pflugbalken erhalten bleiben. Sie bleiben die ganze Vegetationszeit über bis zur nächsten Ackerung erhalten! In der Abb. 45 sind die Ergebnisse solcher Untersuchungen wiedergegeben. Indem unmittelbar vor der Rübenernte der Boden aufgegraben worden war, konnte man die erhalten gebliebenen Pflugbalken wiederfinden. Ja man konnte an ihrem Ausmaß genau feststellen, wie tief und wie breit die Pflugfurche war. Die Pflugbalken sind zum Teil fest mit dem Untergrund verwachsen, oder sie sind vom Schar etwas angebrochen und liegen dann in

Abb. 45
Freigelegte Rübenreihe zeigt die Auswirkung des Pflugbalkens

der Krume eingebettet. Auf jeden Fall aber bedeuten sie eine schwere Querschnittstörung der Krume und daher auch eine Gefährdung der Ernte. Man kann deutlich ersehen, wie die Rübenwurzel dem Pflugbalken ausweicht. Nicht etwa allein, weil er zu hart wäre, sondern weil dieser dichte Boden nicht ausreichend durchlüftet ist.

Dort, wo die Rübe zufällig zwischen zwei Balken steht, gedeiht sie halbwegs gut. Dort aber, wo sie auf einem Pflugbalken aufsitzt, bleibt sie kümmerlich und verwurzelt. Keine Rübe gleicht der anderen, das sieht man schon an der Blattentwicklung. Diese Ungleichmäßigkeit ist ein untrügliches Zeichen dafür, dass der Acker zu breit gepflügt wurde und Pflugbalken erhalten blieben. Es ist nicht verwunderlich, dass die Verwurzelung der Rübe sich auch im Inneren des Rübenkörpers auswirkt und eine Entartung des Gewebes zur Folge hat. In der Abb. 46 werden dünngeschnittene Rübenscheiben gezeigt.

An der gesunden Rübe (links) erkennt man die zentralverlaufenden Gefäßbündel, während in der verwurzelten Rübe (rechts) Querverbindungen zwischen den Gefäßbündeln zu sehen sind. So versucht also die von dem Pflugbalken verdrängte Rübe den Säftekreislauf aufrechtzuerhalten, aber damit ist ein Energieaufwand verbunden, der der Zuckerernte entzogen wird. Diese verholzten Gefäßbündel machen auch bei der Verarbeitung der Rübe beträchtliche Schwierigkeiten,

Wie gesagt, es gibt kein starres Rezept für den Pflug und dessen Einstellung. Der Boden stellt verschiedene Ansprüche. Darum ist es auch nicht möglich, mit e i n e m Pflugkörper auszukommen. Man braucht unbedingt mindestens zwei Formen: eine, die voll wendet, und eine, die den Pflugbalken

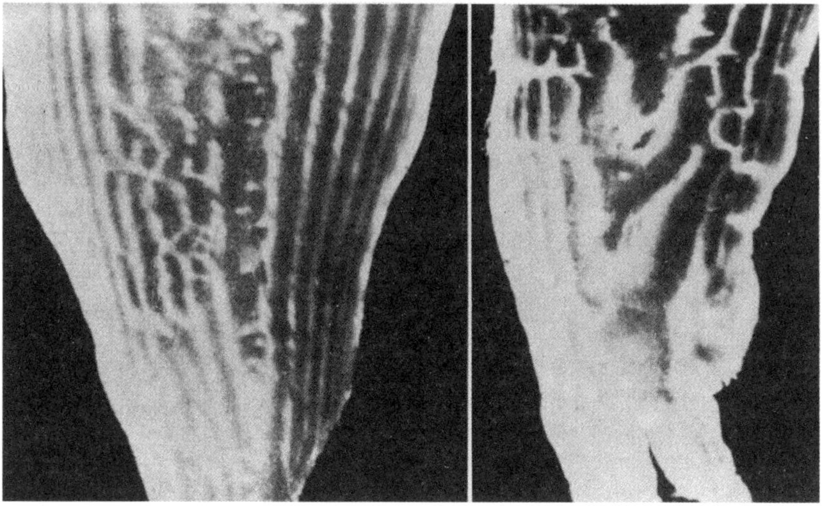

Abb. 46
Die Verwurzelung der Rübe zeigt die Leitgefäße im Inneren.
Links gesunde Rübe, rechts verwurzelte Rübe

bloß umlegt, ohne ihn wesentlich zu durchmischen. Solange der Garezustand nicht in Ordnung ist, d. h. sich alljährlich eine Krumenverdichtung ausbildet, wird man für die Saatfurche unbedingt eine steile Körperform brauchen, um die gare Oberkrume nicht zu vergraben. Es ist sicher kein Zufall, dass die Gespannpflüge, die man auf den Höfen noch immer im alten Eisen vorfindet, in der Regel besser diesen Forderungen entsprechen, als die neuen Schlepperpflüge. Sollte es wirklich daran liegen, dass man früher hinter dem Pflug hergegangen ist, während man heute davor auf dem Schlepper sitzt und weniger zuschaut, wie der Pflug arbeitet. Große Sorgfalt sollte auch auf scharfe Schare gelegt werden, weil damit die Furchensohle besser angerissen und die Ausbildung einer zusammenhängenden Pflugsohle vermieden wird. Noch zweckmäßiger wären Schare, deren Schnittflächen nicht geradlinig abschneiden sondern eggenartige Zinken aufweisen, die die Furchensohle nach Art einer Egge aufrauen.

Eine wichtige Frage ist auch der Zeitpunkt der Ackerung. Im Allgemeinen wird man trachten, eine ordentliche Herbstfurche durchzuführen. Aber es gibt immer wieder Jahre, wo man nicht fertig wird, und dann entsteht die Frage, soll man den Acker nass pflügen oder lieber auf das Frühjahr warten? Von den Praktikern, die unbedingt eine Herbstackerung vertreten, selbst wenn die Furche „geschmiert" werden muss, wird immer wieder das Gegenargument gebracht, dass der Frost ja die Furche aufmürbt. Das gilt aber nur für die Oberfläche, im Inneren liegen die Pflugbalken so roh da, wie der Pflug sie hingelegt hat. Solche Bearbeitungsfehler ruinieren einen Acker oft auf Jahre hinaus, und man kann dabei kaum von einem Nutzen sprechen.

Andere Landwirte wieder nutzen eine Winterpause geschickt aus, um doch noch eine saubere Ackerung zu vollbringen, ohne den Boden zu schmieren. Es wurden diese Fälle der „kalten Ackerung" genau untersucht und beobachtet, dass solche Winterfurchen besonders zur Verschlämmung und Verdichtung neigen, ja oftmals schon im ersten Tauwetter zusammenfallen und verkrusten. Der Grund liegt darin, dass jede mechanische Bearbeitung eine Verwundung der Bodenstruktur darstellt und die lebenden Brücken zerreißt, die von den Bodenorganismen gebaut werden, um die vom Gerät erzeugten Krümeln zu festigen. Nach jeder Bearbeitung müssen diese Wunden heilen, d. h. die Bodenorganismen müssen wieder neue Brücken bauen. Nun können sie dies nicht, wenn es zu kalt ist, und der Boden in der Kältestarre ruht. Dann bleiben die von der Bearbeitung gerissenen Wunden eben offen und der nächste Regen und das Tauwetter führen unweigerlich zum Zusammenbruch des Ackers. Aus diesem Grund ergibt sich auch die Forderung, Arbeitsketten mehrerer Geräte nicht auseinanderzuziehen und alle paar Tage mit einem anderen Gerät auf den Acker zu fahren, sondern die geforderten Geräte in einem Arbeitsgang zu koppeln. Der Traktor mit seinen Kraftreserven erlaubt das.

Die „kalte Ackerung" ist Gift für den Boden, und es bleibt also – sofern man mit der Herbstackerung nicht rechtzeitig fertig wird – die verpönte Frühjahrsackerung zu diskutieren. Sie ist mit Recht gerade in den Trockengebieten verpönt, weil mit der Wendung des Bodens unvermeidlich ein Wasserverlust verbunden ist. Und doch ist die Frühjahrsackerung ein kleineres Übel und ist einer nassen Herbstackerung oder einer kalten Winterackerung vorzuziehen. Allerdings ist eine Bedingung dabei, die Frühjahrsfurche muss an einem Tag saatfertig gemacht werden. Wenn der Acker hinter dem Pflug auch nur einige Stunden rau liegenbleibt, können die Wasserverluste schon recht fühlbar sein und den Aufgang der Saat gefährden. Man wird also unbedingt eine Krümelwalze oder Sternegge mit dem Pflug koppeln müssen, um Schollen sofort feinzumachen, und man wird unmittelbar hinter dem Pflug die Nacharbeiten ausführen müssen, um den Acker saatfertig zu machen. Es soll hier nicht der Frühjahrsackerung das Wort geredet werden, sie ist und bleibt ein Notbehelf, aber sie ist einer misslungenen Herbst- und Winterfurche unbedingt vorzuziehen.

Auch mit dem modernsten Pflug kann die Saatfurche nicht voll gelingen, wenn sie nicht durch eine richtige Schälfurche vorbereitet wurde. Leider wird diese Tatsache noch immer zu wenig gewürdigt, denn der „Stoppelsturz" entspricht oft nicht den Anforderungen, die man an ihn stellt. Oft hat die geforderte Eile zur mangelnden Sorgfalt geführt. Wenn der Schälpflug einen Balken an den anderen legt, diese dann austrocknen, ist es kein Wunder, wenn die ganze Krume austrocknet und verhärtet, sodass bei der Saatfurche der Pflug nicht greift. Die Sache wird nicht besser, wenn man die Schälfurche tiefer nimmt, nur um dem Pflug dann eine bessere Führung zu geben. Die Aufgabe des Stoppelsturzes liegt darin, ein optimales Keimbeet für die

Ackerunkräuter zu schaffen. Je mehr Unkrautsamen man mit der Schälfurche zum Aufgehen bringt, umso weniger muss man später vernichten. Umso mehr Wurzelmasse bringe man auch in den Boden, die die Krume aufmürbt und für die Saatfurche vorbereitet. Dieses Ziel ist allerdings nur dann erreichbar, wenn beim Stoppelsturz eine Krümeldecke entsteht, in der die Stoppelreste ganz seicht eingearbeitet sind. Auch hier muss die organische Krümeldecke zum Prinzip werden! Die Frage nach dem geeigneten Gerät wird aufgeworfen. Der Schälpflug funktioniert meist nur auf den leichten Böden, die gut schütten und keine Balken machen. Auf den schweren Böden scheint die Scheibenegge geeigneter. Sie macht nicht bloß eine größere Flächenleistung, sondern auch bessere Arbeit, besonders dann, wenn der Acker kreuzweise überfahren wird. Allerdings darf man keine Zeit verlieren, denn wenn der Stoppelsturz einmal ausgetrocknet und verhärtet daliegt, greift die Scheibenegge nicht mehr. Um die zunächst noch ganz lockere Krümeldecke anzudrücken und die Unkrautsamen rascher zum Keimen zu bringen, wird beim zweiten Querverfahren eine Notzonegge oder Krümelwalze angehängt. Diese Nachbehandlung ist unbedingt erforderlich, wenn mit dem Schälpflug gestürzt wurde. Der gestürzte Acker darf nie roh liegenbleiben, er muss eine Krümeldecke erhalten, damit die Unkräuter aufgehen und mit dem Aufbau der Gare begonnen werden kann. Allerdings stellt auch die Scheibenegge nicht das ideale Gerät für den Stoppelsturz dar, weil sie sich nicht genügend den kleinen Unebenheiten des Ackers anschmiegt und daher stellenweise nicht angreift.

Was hier vom Stoppelsturz gesagt wurde, gilt sinngemäß vom Einbringen der Rapsdecke. Auch dazu ist die Scheibenegge besser geeignet als der Schälpflug. Wenn man eine Rapsdecke im ersten Überfahren mit der Scheibenegge niederbricht, dann einige Tage zuwartet, bis die Blattmasse abgewelkt ist, um ein zweites Mal quer zu fahren, erhält man eine brauchbare organische Krümeldecke. Je rascher man fährt, umso besser gelingt die Arbeit. Bei einem Eingriff der Scheiben von 10 cm liegt die Hauptmasse der organischen Substanz in der oberen 6 cm mächtigen Krümelschicht, sodass das gesteckte Ziel erreicht ist.

Eine fast unentbehrliches Gerät in der Garepflege ist der Grubber, denn es ergibt sich wiederholt die Notwendigkeit, die Krume zu lockern, ohne sie durchzumischen und Feuchtigkeit zu verlieren. Wird z. B. Getreide nach Kartoffel gebaut, erübrigt sich in den meisten Fällen eine Pflugfurche und man kommt mit dem Grubber und angehängter Balkenschleppe rascher zum Ziel. Notwendig wird der Grubber auch zur Frühjahrsbestellung, wenn die im Herbst ausgeführten Saatfurchen sich unter der Schneelast zu stark gesenkt haben und eine neuerliche Auflockerung erwünscht ist.

Der gare Acker zeigt im Hinblick auf die Arbeitsvereinfachung bei der Bearbeitung eine wesentlich größere Einsatzbereitschaft für alle Geräte. Der Kampf mit der Scholle hört auf, denn garer Boden krümelt leichter und macht es in vielen Fällen möglich, den Acker in einem Arbeitsgang saatfertig zu machen. Wieder ein beträchtlicher Zeitgewinn, weil die mühsame Nacharbeit gespart wird, die doch nur Scheinbetrieb ist. Es mögen einige vergleichende Zahlen über den Kraftaufwand interessieren, die zeigen, wie das Verhältnis im garen und im garelosen Boden liegt. In der folgenden Tabelle wurde die Arbeitsleistung in kg/m verzeichnet, die notwendig ist, um eine Stahlsonde 20 cm tief in den Acker zu treiben.

	Kraftbedarf in kg/m		
Versuchsfeld	garelose Krume	gare Krume	% Ersparnis
Reichersberg	16,5	8,0	50,4
Lambach	15,0	9,0	40,0
Kröllendorf B.	14,0	7,5	46,5
Kröllendorf W.	19,0	9,0	52,7
Kröllendorf I.	22,0	12,0	45,4
Spillern 3	18,0	11,5	36,2
	Im Durchschnitt		44,8

Ein Problem, das in der letzten Zeit eifrig diskutiert wurde und in der Praxis eine allgemeine Unsicherheit aufkommen ließ, betrifft die Bodenpressung durch die Ackergeräte, vor allem durch den Traktor. Mit Alarmrufen ist dem Landwirt weniger gedient. Das Problem „Schlepperdruck" geht nicht den Konstrukteur allein an. Aufgabe der Erzeugerfirma ist es, den Auflagedruck des Rades möglichst herabzusetzen. Der Landwirt kann von sich aus viel zur Lösung dieses Problems beitragen, indem er dem Acker eine höhere Tragfähigkeit gibt und ihn weniger empfindlich gegen den Raddruck macht.

Wodurch unterscheidet sich die Gleisspur des Schlepperrades von den Druckspuren der anderen Ackergeräte und des Trittes. Wenn man in der Gleisspur die durch die Bodenpressung bedingte Wasserstauung misst, ergibt sich das in Abb. 47 wiedergegebene Bild.

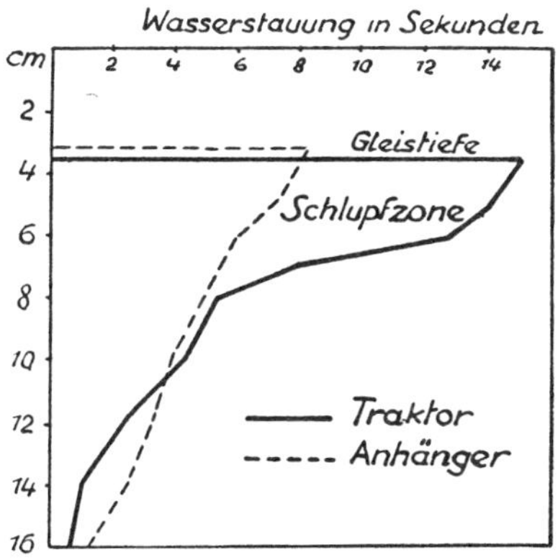

Abb. 47
Wasserstauung in der Gleisspur des Traktors und eines auf gleichen Bodendruck belasteten Anhängers

Dabei ist die Gleisspur des Schleppers mit der Radspur eines auf gleichen Druck belasteten Anhängers verglichen. Durch das motorisch angetriebene Rad des Schleppers entsteht in der oberen Gleiszone (der „Schlupfzone“) eine starke Deformation des Bodens, während die eigentliche Druckwirkung wohl tiefer reicht, aber wesentlich milder ist und zudem nach der Tiefe abklingt. Die Radspur, des auf gleichen Bodendruck belasteten Ackerwagens ist lediglich durch die Druckwirkung gekennzeichnet; die Schlupfzone und ihre starke Deformation fehlt hier. Zwischen einem motorisch angetriebenen und einem einfach abrollenden Rad besteht hinsichtlich der Einwirkung auf den Boden daher ein grundlegender Unterschied. Die schädliche Wirkung des Traktorrades liegt also offensichtlich in der stark deformierten Schlupfzone der Gleisspur. Es muss hinzugefügt werden, dass diese Schlupfzone auch dann entsteht, wenn das Rad noch keine sichtbaren Schlupfbewegungen zeigt. Sie ist umso ausgeprägter, je feuchter der Boden und je stärker die Zugmaschine ist.

Ausgehend von der Erfahrung, dass garer Boden den Tritt besser abfedert als ein gareloser Acker, war zu erwarten, dass ersterer auch weniger empfindlich gegen den Raddruck des Traktors sein würde. Das stimmt insoweit, als man bloß die Tiefenwirkung des reinen Raddruckes in Betracht zieht. Gegenüber der mahlenden Wirkung des Schlepperrades in der oberen Schlupfzone erweist sich aber die Lebendverbauung der Krume als unzulänglich. Wenn dennoch der gare Acker dem Traktor eine wesentlich größere Tragfähigkeit bietet und weniger geschädigt wird als der garelose Boden, so liegt dieser

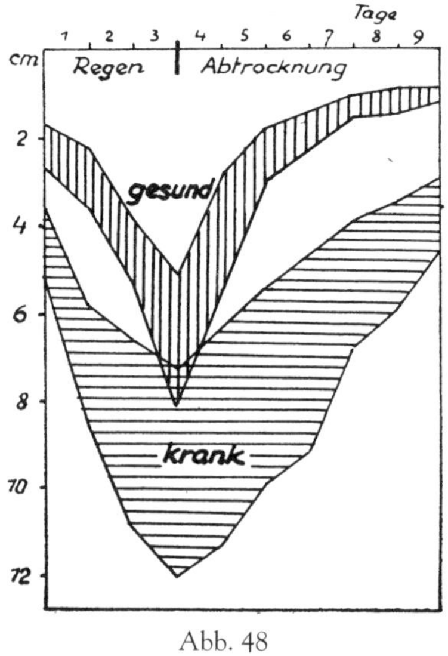

Abb. 48
Die Schlupfzone des Schleppergleises am gesunden und kranken Acker

wichtige Unterschied einfach darin, dass der gare Acker nach dem Regen rascher abtrocknet und daher früher befahren werden kann als ein gareloses Feld. In Abb. 48 sind die Ergebnisse des Versuches gebracht, bei dem die Tiefe und Mächtigkeit der vom Schlepper erzeugten Schlupfzone in der Gleisspur registriert wurden.

Während ein dreitägiger Regen den garelosen Teil des Versuchsfeldes richtig grundlos machte und der Boden nachher nur zögernd abtrocknete, sodass selbst nach sechs Tagen noch ausgeprägte Gleisspuren entstanden, war der gare Teil des Feldes nach zwei Tagen wieder befahrbar, ohne Schaden zu erleiden. In diesem Unterschied liegt der Kernpunkt des ganzen Problems. Die gare Krume bildet stets einen offenen Übergang zum Untergrund, sodass das von der Krume aufgenommene Wasser rasch verteilt wird und der Acker bald wieder abtrocknet. Am garelosen Acker wieder staut sich das Wasser über der Krumenverdichtung und der Boden trocknet nur langsam ab. Während nutzlose Verdunstungsverluste entstehen, muss der Traktor untätig ruhen, ehe er wieder aufs Feld kann. Der „Schlepperdruck" ist weitgehend vom Zustand des Ackers abhängig. Es kommt darauf an, den Übergang zwischen Krume und Untergrund offen zu halten, denn je besser das gelingt, um so tragfähiger ist der Acker und umso weniger wird er durch den Raddruck des Schleppers geschädigt werden. So wie der Regen, statt belebend zu wirken, zum Feind des garelosen Ackers wird und ihn dichtschlämmt, so geht es auch mit dem Traktor; je weniger Gare im Acker ist, um so empfindlicher wird er gegenüber dem Raddruck.

Besonders empfindlich ist der frisch gelockerte Boden. Als man immer mehr daran ging, nicht nur die schweren Arbeiten am Acker, sondern auch die folgenden Pflegemaßnahmen zu motorisieren, ergab sich auch dabei ein Problem. Es wurden verschiedene Spurlockerer konstruiert, die die Gleisspur wieder lockern sollten, aber alle Maßnahmen brachten nur Teilerfolge. Erst das Gitterrad, das den Druck auf eine wesentlich größere Fläche verteilt und krümeligen Boden zwischen den Auflageflächen stehen lässt, schafft Abhilfe gegen diese Schäden. Druckspuren mürben nämlich viel leichter auf, wenn sie von krümeligen Boden bedeckt werden.

Im vorliegenden Abschnitt konnten nur die dringendsten Probleme der Bodenbearbeitung skizziert werden. Es sollte nur zum Ausdruck kommen, dass die technischen Aufgaben am Acker umso sicherer und einfacher gelöst werden können, je klarer die biologischen Aufgaben erkannt wurden. Immer wieder kommt man darauf zurück, dass die Pflanze als Garebildner im Vordergrund steht und alle mechanischen Eingriffe eben nur eine mechanische Vorbereitung zu biologischen Prozessen sein können. Je besser man die Gare pflegt, desto leichter und billiger wird die mechanische Arbeit am Acker sein.

Schlusswort

Im vorliegenden Büchlein wurde der allgemeine Bauplan des Bodens dargelegt und gezeigt, wo Störungen in dieser Organisation entstehen und wodurch sie hervorgerufen werden können. Es wurde die Möglichkeit einer Bekämpfung dieser Schäden aufgezeigt und dargelegt, dass es sich um:

1. Naturbedingte Störungen, wie z. B. der Entkalkung und Verlehmung, handelt, die eine Wertverminderung und Alterung des Bodens zur Folge haben.
2. Kulturbedingte Störungen handelt, die als Folge widernatürlicher Kulturmaßnahmen auftreten, wie z. B. der Gare- und Humusschwund.

Vornehmlich wurden die letzteren beschrieben und dabei Bedacht genommen, den technischen, Betriebs- und arbeitswirtschaftlichen Momenten gerecht zu werden.

Es wurde gezeigt, dass nicht mit erhöhtem Aufwand die Bodenfruchtbarkeit erhalten werden kann, sondern mit der Anpassung an die natürlichen Forderungen des Bodens.

Der Boden ist weder eine leblose Verwitterungsrinde des Gesteins, noch ein Einzelorganismus, sondern eine biologische Organisation von Pflanzen, Mikroorganismen und niederen Tieren. Wie bei jedem Organismus greifen die einzelnen biologischen, chemischen und physikalischen Vorgänge ineinander und sind untrennbar miteinander verbunden. Fällt ein Glied dieser Kette aus, dann bedeutet dies eine Umstellung der ganzen Organisation; genauso wie der tierische oder pflanzliche Organismus gestört ist, wenn eines seiner Organe eine Hemmung erleidet. Es gibt keinen Einzelorganismus, der für sich allein lebensfähig wäre. Man denke nur an den Darm mit seiner komplizierten Bakte-rienflora oder an die untrennbare Lebensgemeinschaft der Pflanzenwurzel mit den Mikroben der Rhizosphäre. Die Natur kennt keinen isoliert lebenden Organismus, sondern nur organisierte Lebensgemeinschaften. Und jede Störung dieser Organisation hat zwangsläufig eine verminderte Leistung zur Folge.

Aus diesem Grunde wurden auch die Begriffe „gesund" und ,,krank" für den Boden gewählt. Nicht im übertragenen Sinn, wie man etwa von einer gesunden und kranken Wirtschaft spricht, sondern im wahrsten Sinn des Wortes, wie er für Menschen, Tiere und Pflanzen gebraucht wird.

Aus dieser Einstellung ergeben sich auch die Aufgaben einer geordneten Bodenwirtschaft. In der Bodenbiologie muss man die biologischen Zusammenhänge der Organisation Boden erforschen; in der Bodenhygiene die Maßnahmen zur Gesunderhaltung des Bodens entwickeln.

Nachwort

Dieses Buch hat seinen Ursprung im Werk des im Jahr 1955 verstorbenen Ehemannes der Autorin Prof. Franz Sekera, ein österreichischer Bodenkundler, mit gleichnamigem Titel. Es erschien im Jahr 1943 beim Reichsnährstands-Verlag, Wien.

Raoul H. Francé

Das Leben im Boden Das Edaphon

Diese beiden Schriften als Doppelband bilden nicht nur die Basis für ein Verständnis der großartigen Zusammenhänge der Lebensgemeinschaften intakter Böden, sondern auch die naturkundlichen Grundlagen für eine Bodenbearbeitung ohne Bodenwendung, Bodenbedeckung, Gründüngung und Kompostierung – wichtige Methoden des ökologischen Land- und Gartenbaus.

Der Autor Raoul H. France (1874 - 1943), einer der größten biologischen Forscher, hat die aus Mikroorganismen und größeren Bodentieren, wie Tausendfüßlern und Regenwürmern, bestehenden Lebensgemeinschaften des Bodens entdeckt. Seine lebenslangen Studien am Mikroskop und im Laboratorium und auf weltweiten Forschungsreisen erarbeiteten Erkennmisse hat er unter anderem in „Das Edaphon" („Das im Boden Lebende") in wissenschaftlich-allgemeinverständlicher und in „Das Leben im Boden" in erzählender Form, mit vielen Zeichnungen nach der Natur, dargestellt.

ISBN 978-3-922201-02-1

Erhard Hennig

Geheimnisse der fruchtbaren Böden

Die Humuswirtschaft als Bewahrerin unserer natürlichen Lebensgrundlage

Dieses von einem langjährigen Kenner und anerkannten Fachmann seines Gebietes spannend geschriebene Lehr- und Lesebuch gibt einen nahezu umfassenden und dabei praktisch umsetzbaren Einblick in den schon als schicksalhaft zu bezeichnenden Kreislauf Boden - Pflanze - (Tier) - Mensch. Es lässt den Leser am faszinierenden, geheimnisvollen Leben unserer noch gesunden Böden teilhaben.

Der regional schon als extrem zu bezeichnende Humus- und Mineralstoffmangel, die schleichende Boden- und Grundwasservergiftung und die damit einhergehende Vernichtung der wichtigen Bodenkleinstlebewesen wirken sich mittlerweile nachweisbar auch auf die Gesundheit der sich von solchen Böden ernährenden Menschen aus.

Der Autor weiß hier Rat. Sein der Natur in über sechs Jahrzehnten abgeschautes Rezept scheint auf den ersten Blick geradezu simpel: Den Boden immerwährend fruchtbar erhalten. Dazu gehört das alte Wissen unserer garten- und ackerbautreibenden Großeltern zur fachlich richtigen Anwendung der Humuswirtschaft.

Der praktische Landwirt und Agraringenieur Erhard Hennig vermittelt in diesem Buch das uralte Wissen unserer garten- und ackerbautreibenden Großeltern zur fachlich richtigen Anwendung der Kompost- und Humuswirtschaft. Er hat dieses für das Überleben der Menschheit unentbehrliche Grundlagenwissen der Vorfahren in zahlreichen Vorträgen im In- und Ausland über die Jahrzehnte wach gehalten. Mit diesem Buch stellt er es erstmalig einem breiteren Publikum vor. Dieses Werk wurde in die Sprachen Englisch, Niederländisch und Japanisch übersetzt.

ISBN 978-3-922201-09-0

Herwig Pommeresche

Humussphäre

Humus – Ein Stoff oder ein System?

Der Autor hat herausgefunden, dass wir offenbar ein unzureichendes Verständnis von den Mechanismen mit denen Pflanzen ihre Nährstoffe aufnehmen und verarbeiten. Unser bisheriges Modell ist, dass sie ihre Nährstoffe lediglich in Form von gelösten (Dünge-)Salzen aus dem Wassere beziehen. Doch es gibt Arbeiten von Naturwissenschaftlern, die noch eine ganz andere Form der Pflanzenernährung erforscht haben: Pflanzen können, vereinfacht gesagt, durch Umstülpung ihrer Feinwurzelzellen größere Nahrungspartikel aufnehmen und ins Zellinnere befördern. Sie können sich auch größere Moleküle und sogar ganze Zellen (wie Bakterien) aufnehmen, und zwar – und das ist das Interessante daran – auch in lebender Form. Müssen wir unsere Erkenntnisse zum Anlass nehmen, unsere landwirtschaftlich-gartenbauliche Praxis auf den Prüfstand zu stellen?

ISBN 978-3-922201-50-2

Hans Peter Rusch

Bodenfruchtbarkeit

Eine Studie biologischen Denkens

Das Buch ist das Standardwerk des organisch-biologischen Landbaus und die Grundlage der organisch-biologischen Methode.
Der Autor Dr. Hans Peter Rusch beschäftigt sich in diesem Buch mit dem gesunden Boden, in einem gesunden biologi-schen Kreislauf, denn nur er bringt Gesundheit in die Pflanze und durch sie in das Tier und den Menschen. Jeder stoffliche Eingriff in diese Harmonie, wie der Kunstdünger es ist, bringt Unordnung in das ganze System und muss längerfristig zur Entartung führen.

Dieser große biologische Kreislauf- "der Kreislauf der lebenden Substanz"- wie Rusch ihn nennt, und damit die große Überschau über alle Lebensvorgänge, das Ganzheitsdenken, ist Zentralthema dieser Studie, einer Stu-die biologischen Denkens.
Das zweite, immens wichtige Thema dieser Schrift ist der Lebensakt der Bodenbil-dung, gewissermaßen der Mittelpunkt des großen Kreislaufes. Alle großen Bodenforscher vor Rusch wie Raoul H. France, Rudolf Steiner, Sir Albert Howard, Fritz Caspari, Ewald Könemann, weisen mehr oder weniger ausführlich daraufhin.

ISBN 978-3-922201-45-8

F.H. King

4000 Jahre Landbau in China, Korea und Japan

Der Autor bereiste 1909 als Agrarwissenschaftler den Femen Osten und schrieb diesen fesselnden Reisebericht mit vielen praktischen Einzelheiten und genauen Daten, sozusagen auch als Mahnung für seine Landsleute. Er macht anschaulich, wie es diesen Völkern gelang, mit wenig Vieh und trotz Überbe-völkerung die Bodenfruchtbarkeit zu erhalten, ohne Kunstdünger anzuwenden - allein durch die zahllosen Methoden der Kompostwirtschaft, Mulch- und Mischkulturen, Gründüngung und Direktsaat.

King ergänzt seinen Bericht durch viele eigene Fotos und eine Reihe Skizzen.
Aus dem Inhalt: Einleitung von Dr. Cord Tietjen- Die ersten Eindrücke von Japan - Chinas Gräberfeld - Nach Hongkong und Kanton - Den Westfluß aufwärts-Kanalsysteme und Neulandgewinnung- Sitten und Gebräuche- Brenn-, Bau- und Faserstoffe - Wanderungen querfeldein- Abfallverwertung- In der Provinz Schan-tung- Der Feme Osten nützt Zeit und Raum bis zum äußersten- Der Reisanbau im Femen Osten- Seidenkultur - Teeindustrie- Um Tientsin- Mandschurei und Korea - Wieder in Japan- Maß und Gewichtseinheiten-Verzeichnis geografischer Namen - Register.

ISBN 978-3-922201-05-2

Sir Albert Howard

Mein landwirtschaftliches Testament

Die Rolle der Bodenfruchtbarkeit in der Landwirtschaft

Die biologischen Grundlagen, die Sir Albert Howard durch seine Forschungen und deren praktischen Anwendungen geschaffen hat, haben mit wenigen Ausnahmen auch in unserer heutigen Zeit noch Gültigkeit, ja, man darf sagen, dass die Thesen, die Howard über das Leben im Boden, die optimale Bodenbearbeitung des Ackerlandes, die Humusversorgung als Voraussetzung der Bodenfruchtbarkeit und die Verwertung der Abfälle aufgestellt hat, durch die moderne Forschung im Wesentlichen bestätigt und dann weiterentwickelt werden konnten. Der Humusmangel, dem der Autor die Hauptschuld beimisst, verhindert die Bildung der Krümelstruktur und führt zur Einzelkornstruktur, die der Auswaschung und dem Verwehen ausgesetzt ist. Howard war vor drei Generationen schon buchstäblich der Rufer in der Wüste. Sir Albert Howard betrieb seine Forschungen ein Menschenalter hindurch haupt-sächlich im indischen Staat Indore, nach dem sein Verfahren benannt wurde. Seine Forschungsergebnisse haben daher zwar besondere Bedeutung für die tropischen und subtropischen Zonen, aber es kommt ihnen auch globale Bedeutung zu.

Sir Albert Howard, C.I.E., M.A. Ehemaliger Direktor des Institutes für Pflanzenbau, Indore, und landwirtschaftlicher Beirat der Staaten Zentralindiens und Rajputanas; Pionier des Biologischen Landbaus.

ISBN 978-3-922201-01-4

Kurt Kretschmann und Rudolf Behm

Mulch total

Ein Weg in die Zukunft

Über 60 Jahre bewirtschaftete der Autor naturnahe Gärten zur Eigenversorgung mit hochwertigen Lebensmitteln. Während dieser langen Zeit hat er viel ausprobiert und blieb beim "Total-Mulch-Garten", dem "Garten der Zukunft", wie er selbst als Quintessenz seiner jahrzehntelangen Gartenarbeit formulierte, weil sich von Jahr zu Jahr die Fruchtbarkeit seines Gartenbodens steigerte.

Als prominenter Naturschützer beschreibt der Autor ebenso anschaulich und leicht nachvollziehbar, wie er der gefährdeten Tierwelt in seinem Garten helfen konnte.

Im zweiten Teil des Buches berichtet der Co-Autor über seinen Werdegang vom konventionellen Hausgärtner zum leidenschaftlichen Mulchgärtner und gibt dabei viele wertvolle praktische Ratschläge.

ISBN 978-3-922201-18-2

Margarete Langerhorst

Meine Mischkulturenpraxis

Nach dem Vorbild der Natur

Aufgrund ihrer jahrzehntelangen Arbeit auf einem 3,5 Hektar großen Gärtnerhof in Oberösterreich entwickelte die Autorin ein gut durchdachtes gärtnerisches Mischkulturenkonzept nach dem Vorbild der Natur.

So entstehen in jeder neuen Gartensaison Lebens- gemeinschaften von Nutzpflanzen, die optimal zueinander passen, sich gegenseitig unterstützen und vor vielen "Schädlingen" und Krankheiten schützen.

Darüber hinaus beschreibt die bekannte Autorin sämtliche Gartenarbeiten aus ihrer langjährigen biologischen Praxis, beginnend mit der sorgfältigen winterlichen Gartenplanung, über die Jungpflanzenanzucht, Zusammenstellung der Mischkulturenpartner, Herstellung von Pflanzenkompost, Mulch, fachlich richtige Bodenpflege, Arbeiten im Kleingewächshaus, Gründüngung, Spezialanbau aller bekannten und weniger bekannten Gemüsearten, aber auch von Kartoffeln, Kräutern, Beerenobst, Walnüssen und zuletzt Kiwis.

ISBN 978-3-922201-21-2